高等职业教育"十三五"规划教材

JSP 程序设计

主　审　仲崇俭　裴　杭
主　编　云　岩　于　洪
副主编　李月辉　李雪娇

北京邮电大学出版社
www.buptpress.com

内 容 简 介

本书理论和实践相结合,在注重理论讲解的基础上强调实践能力,遵照JSP规范,全面讲解和介绍JSP知识,旨在培养学生项目开发与应用的综合能力。《JSP程序设计/新世纪高职高专软件专业系列规划教材》语言生动、通俗易懂、示例丰富、讲解细致,具有易学易上手的特点,适合学习完Java语言的初学者向JavaWeb开发的过渡。

图书在版编目(CIP)数据

JSP程序设计/云岩,于洪主编. -- 北京:北京邮电大学出版社,2016.8
ISBN 978-7-5635-4858-3

Ⅰ.①J… Ⅱ.①云… ②于… Ⅲ.①JAVA语言—程序设计—高等职业教育—教材 Ⅳ.①TP312

中国版本图书馆CIP数据核字(2016)第178273号

书　　名:	JSP程序设计
著作责任者:	云　岩　于　洪　主编
责任编辑:	满志文　郭子元
出版发行:	北京邮电大学出版社
社　　址:	北京市海淀区西土城路10号(邮编:100876)
发　行　部:	电话:010-62282185　传真:010-62283578
E-mail:	publish@bupt.edu.cn
经　　销:	各地新华书店
印　　刷:	北京通州皇家印刷厂
开　　本:	787 mm×1 092 mm　1/16
印　　张:	9.75
字　　数:	241千字
版　　次:	2016年8月第1版　2016年8月第1次印刷

ISBN 978-7-5635-4858-3　　　　　　　　　　　　定　价:28.50元

· 如有印装质量问题,请与北京邮电大学出版社发行部联系 ·

前　言

　　本教材从教学和实用的角度出发详细介绍了 JSP 在 Web 应用开发中的运用。从 JSP 的基础知识入手，对如何构建高水平的 Web 应用系统进行了全面讲解。

　　本教材全面系统地介绍了 Java Web 开发的相关技术。通过案例讲解每个章节的知识点，将知识与项目紧密结合，使读者在实践中理解知识，掌握技术。

　　本教材选材注重把握学生的专业知识背景与接受能力，按照案例驱动、项目运作所需的知识体系来设置内容，突出实践，重在培养学生的专业能力和动手实践能力。本教材以培养计算机软件开发技术人才为目标，以企业对软件人才的要求为依据，将基本技能培养与主流技术相结合。

　　全书共分 7 章，通过实际的案例讲解，涵盖 HTML 技术、JSP 技术、JavaBean 技术、JSP 运行环境配置、JSP 的开发模式以及 EL 等知识，并详细介绍了综合实例"系统管理模块"的开发。

■ 教材特色

项目导向，突出技能；
循序渐进，深入浅出；
案例丰富，趣味性强。

■ 读者对象

适合计算机相关专业的本、专科学生；
适合 JSP Web 开发的初学者；
适合计算机专业培训机构学生。

　　本教材由具有多年教学经验的高校教师及有丰富软件开发经验的工程师合作编写。由于作者水平有限，编写时间限制，教材中可能出现错误或不足，欢迎读者朋友批评指正，提出宝贵意见。

编　者

目 录

第1章 HTML …………………………………………………………………… 1

  1.1 页面设计 ………………………………………………………………… 1

    1.1.1 HTML 文档结构 ……………………………………………………… 1

    1.1.2 语言字符集信息 ……………………………………………………… 1

    1.1.3 背景颜色和文字 ……………………………………………………… 2

    1.1.4 链接 …………………………………………………………………… 2

    1.1.5 注释 …………………………………………………………………… 2

    1.1.6 列表 …………………………………………………………………… 2

  1.2 图像 ……………………………………………………………………… 3

    1.2.1 插入图像 ……………………………………………………………… 3

    1.2.2 图像的超链接 ………………………………………………………… 4

  1.3 表单 ……………………………………………………………………… 4

    1.3.1 基本语法 ……………………………………………………………… 4

    1.3.2 按钮 …………………………………………………………………… 4

    1.3.3 文本框和密码框 ……………………………………………………… 5

    1.3.4 复选框 ………………………………………………………………… 5

    1.3.5 单选框 ………………………………………………………………… 6

    1.3.6 隐藏表单域 …………………………………………………………… 6

    1.3.7 列表框 ………………………………………………………………… 6

    1.3.8 文本区域 ……………………………………………………………… 7

    1.3.9 图像按钮 ……………………………………………………………… 8

  1.4 表格 ……………………………………………………………………… 8

    1.4.1 表格的基本语法 ……………………………………………………… 8

    1.4.2 跨多行多列的单元格 ………………………………………………… 8

    1.4.3 尺寸设置 ……………………………………………………………… 9

    1.4.4 单元格对齐方式 ……………………………………………………… 11

    1.4.5 表格在页面中的对齐 ………………………………………………… 12

  1.5 框架 ……………………………………………………………………… 13

    1.5.1 框架基本语法 ………………………………………………………… 13

    1.5.2 框架布局 ……………………………………………………………… 13

    1.5.3 框架间互相操作 ……………………………………………………… 14

    1.5.4 内联框架 ……………………………………………………………… 15

1.6 本章小结 ·· 15

第 2 章　JSP 简介 ·· 17

2.1 动态网页技术 ·· 17
    2.1.1 动态网页的概念 ·· 17
    2.1.2 ASP ·· 17
    2.1.3 ASP.NET ·· 17
    2.1.4 PHP ·· 18
    2.1.5 Servlet ·· 18
    2.1.6 JSP ··· 18
2.2 开发模式 ··· 18
    2.2.1 C/S 模式 ··· 18
    2.2.2 B/S 模式 ··· 19
    2.2.3 C/S 与 B/S 的比较 ··· 19
2.3 JSP 基本概念 ·· 20
    2.3.1 JSP 的工作原理 ·· 20
    2.3.2 常见应用服务器 ·· 20
    2.3.3 Web 应用程序的目录结构 ··· 21
    2.3.4 常见集成开发环境 ·· 21
2.4 应用服务器 Tomcat ·· 21
    2.4.1 Tomcat 简介 ·· 22
    2.4.2 安装 Tomcat ·· 22
    2.4.3 启动/停止 Tomcat ··· 22
    2.4.4 访问 Tomcat ·· 23
    2.4.5 安装/移除 Tomcat 服务 ·· 24
    2.4.6 修改 Tomcat 监听端口 ··· 24
2.5 集成开发环境 MyEclipse ·· 25
    2.5.1 安装 Myeclipse10 ·· 25
    2.5.2 开发第一个 JSP 程序 ··· 27
2.6 本章小结 ··· 30

第 3 章　JSP 语法 ·· 31

3.1 JSP 文件的组成 ··· 31
    3.1.1 一个典型的 JSP 文件 ··· 31
    3.1.2 分析 JSP 文件中的元素 ·· 32
    3.1.3 JSP 文件的运行结果 ·· 32
3.2 JSP 中的注释 ·· 33
3.3 指令元素 ··· 35
    3.3.1 page 指令 ·· 35

3.3.2	include 指令	36
3.3.3	taglib 指令	37
3.4	脚本元素	37
3.4.1	声明(Declaration)	37
3.4.2	表达式(Expression)	39
3.5	动作元素	39
3.5.1	<jsp:param>	39
3.5.2	<jsp:include>	39
3.5.3	<jsp:forward>	39
3.5.4	<jsp:useBean>	40
3.6	本章小结	40

第 4 章 JSP 内部对象 …… 41

4.1	HTTP 协议	41
4.1.1	统一资源定位符	41
4.1.2	HTTP 工作原理	42
4.1.3	HTTP 报文格式	43
4.1.4	Cookie	45
4.2	内部对象介绍	45
4.2.1	内部对象的功能	46
4.2.2	内部对象的类型	46
4.3	内部对象	46
4.3.1	out	46
4.3.2	request	47
4.3.3	response	53
4.3.4	session	56
4.3.5	application	61
4.3.6	config	63
4.3.7	page	64
4.3.8	pageContext	65
4.3.9	exception	66
4.4	JSP 实例	68
4.4.1	用户登录	68
4.4.2	最简单的购物车	70
4.5	本章小结	73

第 5 章 JSP 中使用 JavaBean …… 74

5.1	JavaBean 介绍	74
5.1.1	JavaBean 简介	74

5.1.2　编写 JavaBean 遵循的原则 …………………………………………………… 75
5.1.3　JavaBean 的属性 ……………………………………………………………… 76
5.2　＜jsp：useBean＞ …………………………………………………………………………… 77
5.2.1　＜jsp：useBean＞基本语法 …………………………………………………… 77
5.2.2　JavaBean 的条件化操作 ……………………………………………………… 78
5.2.3　JavaBean 存放的位置 ………………………………………………………… 80
5.2.4　JavaBean 的作用范围 ………………………………………………………… 81
5.3　获取 JavaBean 的属性 …………………………………………………………………… 82
5.3.1　＜jsp：getProperty＞ …………………………………………………………… 82
5.3.2　使用 EL 获取 JavaBean 属性 ………………………………………………… 83
5.4　＜jsp：setProperty＞ ……………………………………………………………………… 84
5.4.1　value 给出属性的值 …………………………………………………………… 84
5.4.2　param 给出 HTTP 请求参数的名字 ………………………………………… 85
5.4.3　自动匹配一个 HTTP 请求参数 ……………………………………………… 85
5.4.4　自动匹配全部 HTTP 请求参数 ……………………………………………… 86
5.4.5　索引属性的 HTTP 请求参数自动匹配 ……………………………………… 87
5.5　用户登录（JSP＋JavaBean＋SQLServer） …………………………………………… 89
5.5.1　用户表 user …………………………………………………………………… 89
5.5.2　用户类 User …………………………………………………………………… 89
5.5.3　JSP 页面 ……………………………………………………………………… 91
5.6　购物车（JSP＋JavaBean＋SQLServer） ……………………………………………… 92
5.6.1　商品表 item …………………………………………………………………… 93
5.6.2　商品类 Item …………………………………………………………………… 94
5.6.3　数据库类 Database …………………………………………………………… 95
5.6.4　商品表数据访问类 ItemDao ………………………………………………… 96
5.6.5　购物车类 Cart ………………………………………………………………… 97
5.6.6　商品列表页面 shopping.jsp ………………………………………………… 100
5.6.7　购物车页面 cart.jsp ………………………………………………………… 102
5.7　彩色验证码 ……………………………………………………………………………… 104
5.7.1　验证码类 Image ……………………………………………………………… 104
5.7.2　带验证码的登录页面 login.jsp ……………………………………………… 106
5.7.3　登录检查页面 check.jsp ……………………………………………………… 107
5.8　本章小结 ………………………………………………………………………………… 107

第 6 章　表达式语言 EL ………………………………………………………………… 109

6.1　EL 简介 ………………………………………………………………………………… 109
6.2　EL 语法 ………………………………………………………………………………… 109
6.2.1　字面值 ………………………………………………………………………… 110
6.2.2　操作符"［］"和"." …………………………………………………………… 110

6.2.3 算术运算符 ·· 113
6.2.4 关系运算符 ·· 113
6.2.5 逻辑运算符 ·· 113
6.2.6 empty 运算符 ·· 114
6.2.7 条件运算符 ·· 114
6.3 EL 中的隐含对象 ·· 114
6.3.1 pageContext 对象 ·· 115
6.3.2 范围对象 ··· 116
6.3.3 请求参数对象 ··· 117
6.3.4 请求头对象 ··· 120
6.3.5 cookie 对象 ·· 121
6.3.6 初始化参数 ··· 121
6.4 本章小结 ·· 122

第7章 MVC 综合案例——系统管理模块实现 ·· 123

7.1 MVC 迷你教程 ··· 123
7.2 用户登录(JSP+JavaBean+Servlet) ··· 124
7.2.1 创建数据库 tb_stu ··· 124
7.2.2 创建模型 M 部分——公共的数据库类 JDBConnection ············ 124
7.2.3 创建模型 M 部分——用户基本信息、验证码及业务 bean ······· 127
7.2.4 创建视图 V 部分 ·· 130
7.2.5 创建控制器 C 部分 ·· 133
7.2.6 添加过滤器 ··· 134
7.2.7 配置部署描述文件 web.xml ·· 135
7.2.8 运行程序 ··· 136
7.3 实现用户管理主页面显示功能(MVC) ·· 137
7.3.1 在 M 部分进行编程 ··· 137
7.3.2 在 V 部分进行编程 ·· 137
7.3.3 运行程序 ··· 139
7.4 实现用户管理中的信息修改
与删除功能(MVC) ·· 139
7.4.1 在 M 部分进行编程 ··· 139
7.4.2 在 V 部分进行编程 ·· 141
7.4.3 在 C 部分进行编程 ·· 142
7.4.4 修改 web.xml ··· 145
7.4.5 运行程序 ··· 146
7.5 本章小结 ·· 146

第1章 HTML

HTML(Hyper Text Markup Language),即超文本标记语言,是制作网页文件的语言。本章介绍超文本标记语言(HTML),内容包括:页面、字体、文字布局、图像、表单、表格、框架。

1.1 页面设计

本节介绍 HTML 文档结构、语言字符集信息、背景颜色和文字色彩、页面空白、链接、水平线、注释。

1.1.1 HTML 文档结构

一个 HTML 文件不仅包含文本内容,还包含一些 Tag,中文称为"标签",浏览器负责把 HTML 显示为超文本展现给用户。HTML 文件的扩展名是".htm"或者是".html"。一个最简单的 HTML 文档如下:

```
<html>
    <head>
        <meta http-equiv = "Content-Type"content = "text/html;charset = utf-8"/>
        <title>文档的标题</title>
    </head>
    <body>
        文档主体
    </body>
</html>
```

其中各个标签的含义解释如下:
- <html></html>——整个 HTML 文档。
- <head></head>——文档头部。
- <body></body>——文档主体。
- <title></title> ——文档标题。
- <meta/>——元数据。

1.1.2 语言字符集信息

可在 HTML 文件中设置 MIME 字符集信息。用户在浏览主页时,最好自己在浏览器的选项菜单内选择相应的语言(Language Encoding)。但是如果 HTML 文件里写明了设置,浏览器就会自动设置语言选项。尤其是主页里用到了字符实体(Entities),则该主页就应该写明字符集信息。否则,用户在浏览该主页时,若未正确设置语言选项,显示将可能乱码。常用的中文的字符集有:GB2312、GBK、UTF-8。

<meta http-equiv = "Content-Type"content = "text/html;charset = utf-8">

"Content-Type"是内容类型,"text/html;charset＝utf-8"说明这是字符集为 UTF-8 的 HTML 文件。

1.1.3 背景颜色和文字

<body>标签是 HTML 文档的主体部分,文档的背景颜色和文字色彩可以通过<body>标签的属性进行修饰。

<body bgcolor = ♯　text = ♯　link = ♯　alink = ♯　vlink = ♯>

- bgcolor——背景色彩,可以是颜色的英文名称,也可以是 16 进制表示的 RGB 颜色。
- text——非可链接文字的色彩。
- link——链接文字的色彩。
- alink——正被点击的链接文字的色彩。
- vlink——已经点击(访问)过的可链接文字的色彩。

<font>标签是用于对文字进行修饰的,如下:

<font　size = ""　color = ""　face = ""　align = ""　>文字</font>

- color 属性说明字体的颜色。
- size 属性说明字体的大小,取值越大,字号越大。

具体颜色如下:

- face 属性说明浏览器显示文字采用的字体列表。浏览器优先选用字体列表中前面的字体,属性有幼圆、隶书、Arial、Helvetica 等。
- align 属性说明文字的水平对齐方式。对齐方式的取值有 left(靠左)、center(居中)、right(靠右)。

1.1.4 链接

<a>标签用来声明一个超链接,例如:

<a href = "url"target = "_blank">OakCMS 内容管理系统</a>

说明:target 属性的值为"_blank"说明在新窗口中打开超链接。

target 属性的值为"_parent"说明在父窗口中打开超链接。

target 属性的值为"aaa"说明在名为 aaa 的窗口中打开超链接。

1.1.5 注释

HTML 注释(也称显示注释)在浏览器解析 HTML 文件时被忽略,源代码可以被查看,格式如下:

<!-- HTML 注释内容 -->

1.1.6 列表

1. 无序列表

<ul>标签声明无序的列表,<li>标签声明列表中的每一个列表项。

```
<ul>
    <li>item</li>                      • item
    <li>item</li>                      • item
    <li>item</li>                      • item
</ul>
```

2. 有序列表

<ol>标签声明有序列表，<li>标签声明列表中的每一个列表项。

```
<ol>
    <li>item</li>                      • item
    <li>item</li>                      • item
    <li>item</li>                      • item
</ol>
```

3. 自定义列表

<dl>标签声明自定义列表，<dt>标签声明列表项的标题，<dd>标签声明列表项的内容。

```
<dl>
    <dt>HTML</dt>                          HTML
    <dd>超文本标记语言</dd>                  超文本标记语言
    <dt>CSS</dt>                           CSS
    <dd>层叠样式表</dd>                      层叠样式表
    <dt>JSP</dt>                           JSP
    <dd>Java Server Pages</dd>             Java Server Pages
</dl>
```

1.2 图 像

本节介绍 HTML 文件中插入图像的基本语法、图像的超链接和图像映射图。

1.2.1 插入图像

1. 基本语法

<img>标签可以在 HTML 里面插入图片，基本的语法如下：
<img src = "url"/>
url 表示图片的路径和文件名，可以是相对路径，也可以是绝对路径。
<img src = "images/logo.jpg"/>
<img src = http://localhost:8080/项目名/images/logo.jpg/>

2. 图像的大小

在默认情况下，图片显示原有的大小。可以用 height 和 width 属性改变图片的大小。不过图片的宽和高比例一旦被改变，显示出来的结果可能会很难看。
<img src = "images/logo.jpg"width = "120"height = "40"/>

3. 图像的边框

border 属性说明图像边框的粗细,单位为像素,一般都是声明 border="0"。

＜img src = "images/logo.jpg"border = "0"/＞

1.2.2 图像的超链接

图像的链接和文字的链接方法是一样的,都是用＜a＞标签来完成,只要将＜img＞标签放在＜a＞和＜/a＞只间就可以了。图像加上 border="0" 避免出现蓝色边框。

＜a href = "url"＞＜img src = "imageUrl"/＞＜/a＞

1.3 表 单

本节介绍表单的基本语法和常用的表单域:文字框(text)、密码框(password)、复选框(checkbox)、单选框(radio)、隐藏表单(hidden)、列表框(select,option)、文本区域(textarea)、按钮(button,submit,reset)、文件上传(file)、图像按钮(image)。

1.3.1 基本语法

＜form＞标签用来声明表单,其中 url 属性给出表单提交到的 URL,method 属性说明提交表单的方法,值为 get 或 post,默认为 get,因为安全性一般都设置为"post"方法。

＜form action = "url"method = " * "＞

…

…

　　　＜input type = "submit"＞ ＜input type = "reset"＞

＜/form＞

* = GET,POST

表单中提供给用户的输入形式:

＜input type = " * "　name = " * * "＞

* = text,password,checkbox,radio,image,hidden,submit,reset

* * = Symbolic Name for server side script

1.3.2 按钮

input 类型为 submit 声明提交按钮。用户单击提交按钮时,表单提交到 action 属性给出的 URL 进行处理。如果提交到 JSP 页面,可以在 JSP 页面中使用 request 对象的 getParameter()方法读取单值参数,使用 getParameterValues()方法读取多值参数。

　　＜input type = submit name = " * "　value = " * * "＞

input 类型为 reset 声明重置按钮。用户单击重置按钮时,浏览器将表单中各个表单域的内容清空。

　　＜input type = reset name = " * "　value = " * * "＞

input 类型为 button 声明普通按钮。用户单击普通按钮时,浏览器不会自动产生任何动作。

第1章 HTML

```
<input type = button name = "*"  value = "**">
```
submit、reset、button 三种按钮的 value 属性给出在按钮上显示的文字。提交表单时，按钮的名字和值也作为一个参数和对应的值提交给服务器。

1.3.3 文本框和密码框

input 类型为 text 声明文本框，input 类型为 password 声明密码框。文本框中的文本在用户输入的时候会显示在屏幕上，而密码框的内容在用户输入的时候不会显示用户输入的实际内容。

```
<input type = "*"  value = "**">
* = text,password


<form action = "login.jsp"method = "POST">
  用户名：<input type = "text"name = "userName"/><br/>
  密码：<input type = "password"name = "password"/><br/>
  <input type = "submit"value = "登录"/>
  <input type = "reset"value = "重设"/>
</form>
```
运行效果如图 1-1 所示。

1.3.4 复选框

input 类型为 checkbox 可以声明复选框。所谓复选框即允许在一组复选框中同时选择多个选项。

```
<input type = checkbox name = * value = **>
```
如果想让一个复选框默认选中，需要设置复选框的 checked 属性。
```
<input type = checkbox name = * value = ** checked>


<form action = check.jsp method = post>
  <input type = checkbox name = fruits value = banana>Banana
  <p><input type = checkbox name = fruits checked value = apple>Apple
  <p><input type = checkbox name = fruits value = orange>Orange
  <p><input type = submit><input type = reset>
</form>
```
运行效果如图 1-2 所示。

图 1-1　　　　　　　　　　　图 1-2

1.3.5 单选框

input 类型为 radio 可以声明单选框。所谓单选框即只允许在一组单选框中同时选择一个选项。

<input type="radio" name=" * " value=" * * ">

如果想让一个单选框默认选中,需要设置单选框的 checked 属性。

<input type = radio name = * value = * * checked>

<form action = radio.jsp method = post>
  <input type = radio name = fruit value = banana>Banana
  <p><input type = radio name = fruit value = apple checked>Apple
  <p><input type = radio name = fruit value = orange>Orange
  <p><input type = submit><input type = reset>
</form>

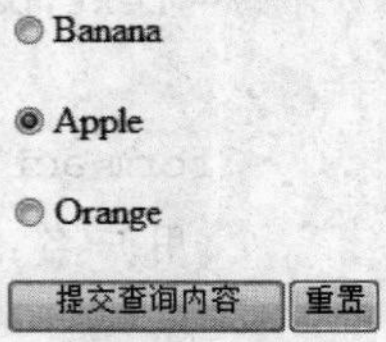

运行效果如图 1-3 所示。

图 1-3

1.3.6 隐藏表单域

input 类型为 hidden 可以声明隐藏表单域。隐藏表单域具有一个名字和对应的值,会在表单提交时传递给服务器,但是隐藏表单域不会显示在页面中。

<input type = hidden name = * value = * * >

<form action = hidden.jsp method = post>
  <input type = hidden name = email value = tongqiang@yeah.net>
  <input type = submit>
</form>

1.3.7 列表框

1. 单选下拉列表

<select>标签用于声明下拉列表,每个下拉列表项使用<option>标签来声明。传递给服务器的参数名由<select>标签的 name 属性给出,传递到服务器的值由被用户选择的<option>标签中的 value 属性给出,<option>和</option>之间是显示给浏览器用户的内容。如果希望一个<option>默认被选中,需要设置该选项的 selected 属性。

<form action = select.jsp method = post>
  <select name = fruit>
    <option value = banana>Banana</option>
    <option value = apple selected>Apple</option>
    <option value = orange>Orange</option>
  </select>

```
    <p><input type = submit><input type = reset>
</form>
```

运行效果如图 1-4 所示。

2. 多选列表框

多选列表框允许用户同时选中多个选项。按住 Ctrl 键的同时单击选项可以选择多个不连续的选项；单击一个选项作为开始，然后按住 Shift 键再单击另外一个选项作为结束，可以选择开始选项到结束选项之间的全部选项。

<select>标签也可以用于声明多选列表框，需要设置 mutiple 选项允许多选，设置 size 属性的值给出列表框同时显示的行数。如果选项的数目超过 size 的值，列表框会自动产生垂直滚动条。

```
<form action = multiselect.jsp method = post>
    <select name = fruits size = 3 multiple>
        <option value = banana>Banana</option>
        <option value = apple selected>Apple</option>
        <option value = orange selected>Orange</option>
        <option value = litchi>Litchi</option>
        <option value = watermelon>Watermelon</option>
    </select>
    <p><input type = submit><input type = reset>
</form>
```

运行效果如图 1-5 所示。

图 1-4   图 1-5

1.3.8 文本区域

文本区域是一个多行多列、支持水平和垂直滚动的文本输入表单域。<textarea>标签用来声明文本区域，rows 属性定义文本区域显示的行数，cols 属性定义每行显示的字符数。

<textarea name = "*" rows = "**" cols = "**"> ... <textarea>

```
<form action = textarea.jsp method = post>
    <textarea name = comment rows = 5 cols = 60>初始文本内容</textarea>
    <p><input type = submit><input type = reset>
</form>
```

运行效果如图 1-6 所示。

图 1-6

1.3.9 图像按钮

input 类型为 image 声明一个图像按钮，src 属性给出按钮使用的图片，用户单击图像按钮时默认提交表单。

＜input type = image src = images/b.jpg＞

1.4 表　　格

本节介绍表格的基本语法、跨多行的单元格、跨多列的单元格、表格尺寸设置、表格内文字的对齐、表格在页面中的对齐、表格不同部分分组显示和表格嵌套。

1.4.1 表格的基本语法

＜table＞标签用来声明表格，一个表格从＜table＞开始，到＜/table＞结束。＜tr＞标签用来声明表格的一行，＜th＞标签用来声明表头的一个单元格，＜td＞标签用来定义表格的一个单元格。

```
＜table border = 1＞
    ＜tr＞
        ＜th＞学号＜/th＞
        ＜th＞姓名＜/th＞
        ＜th＞专业＜/th＞
    ＜/tr＞
    ＜tr＞
        ＜td＞1421601＜/td＞
        ＜td＞张三＜/td＞
        ＜td＞软件技术＜/td＞
    ＜/tr＞
＜/table＞
```

运行效果如图 1-7 所示。

图 1-7

1.4.2 跨多行多列的单元格

1. 跨多行的单元格

＜td＞标签的 rowspan 属性给出一个单元格占的行数。下面表格第一行的第一个单元格 rowspan=3，占 3 行，这导致第二个＜tr＞和第三个＜tr＞标签中没有第一个＜td＞了。

第1章 HTML

```
<table border = 1>
    <tr>
        <td rowspan = 3>联<br/>系<br/>人</td>
        <td>王二</td>
        <td>1234567@qq.com </td>
    </tr>
    <tr>
        <td>张三</td>
        <td>hxcijjj@126.com </td>
    </tr>
    <tr>
        <td>李四</td>
        <td>abcdefg@163.com </td>
    </tr>
</table>
```

运行效果如图1-8所示。　　　　　　　　　　　　　　　图1-8

2. 跨多列的单元格

<td>标签的colspan属性给出一个单元格占的列数。下面表格第一行的第一个单元格colspan=3，占3列，这导致第一行就没有第二个和第三个<td>标签了。

```
<table border = 1>
    <tr><td colspan = 3>学生情况表</td></tr>
    <tr>
        <th>学号</th>
        <th>姓名</th>
        <th>专业</th>
    </tr>
    <tr>
        <td>1421601</td>
        <td>张三</td>
        <td>软件技术</td>
    </tr>
</table>
```

运行效果如图1-9所示。　　　　　　　　　　　　　　　图1-9

1.4.3 尺寸设置

1. 表格边框

<table>标签的border属性给出表格边框的粗细，单位为像素。表格自动出来的边框都不是很好看的，我们通常设置boder="0"。

　　<table border = 10>

```
    <tr>
        <th>Food</th>
        <th>Drink</th>
        <th>Sweet</th>
    </tr>
    <tr>
        <td>A</td>
        <td>B</td>
        <td>C</td>
    </tr>
</table>
```
运行效果如图 1-10 所示。

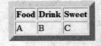

图 1-10

2. 宽度和高度

<table>标签的 width 属性给出表格的宽度，单位可以是像素，也可以是百分比。<table>标签的 height 属性给出表格的高度。通常情况下，表格的高度根据表格所有行的高度自动调整，我们很少给出表格的高度。

```
<table width=170  height=100  border=1>
    <tr>
        <th>Food</th>
        <th>Drink</th>
        <th>Sweet</th>
    </tr>
    <tr>
        <td>A</td>
        <td>B</td>
        <td>C</td>
    </tr>
</table>
```

下面声明的表格始终占表格上层标签宽度的 70%，两边各留 10% 的空白，其中 align 属性的取值为 center 可以让表格水平居中。

```
<table width="70%" align="center" border="1">
    <tr>
        <td> </td>
        <td> </td>
        <td> </td>
    </tr>
</table>
```

3. 单元格间隙

<table>标签的 cellspacing 属性给出表格单元格之间的间隙，单位为像素。

```
<table  cellspacing = 10   border>
<tr>
<th>Food</th>
<th>Drink</th>
<th>Sweet</th>
</tr>
<tr>
<td>A</td>
<td>B</td>
<td>C</td>
</tr>
</table>
```

运行效果如图 1-11 所示。

Food	Drink	Sweet
A	B	C

图 1-11

4. 单元格内部填充

<table>标签的 cellpadding 属性给出单元格内部的填充，单位为像素。

```
<table  cellpadding = 10   border>
   <tr>
      <th>Food</th>
      <th>Drink</th>
      <th>Sweet</th>
   </tr>
   <tr>
      <td>A</td>
      <td>B</td>
      <td>C</td>
   </tr>
</table>
```

运行效果如图 1-12 所示。

Food	Drink	Sweet
A	B	C

图 1-12

1.4.4 单元格对齐方式

1. 水平对齐方式

单元格的水平对齐方式是指单元格中的内容在单元格内部水平方向上的摆放位置，可以通过设置<tr>、<th>、<td>标签的 align 属性实现靠左对齐(left)、水平居中(center)、靠右对齐(right)。

```
<tr align = #>
<th align = #>
<td align = #>
# = left,center,right
<table border width = 160>
```

```
    <tr>
        <th>Food</th>
        <th>Drink</th>
        <th>Sweet</th>
    </tr>
    <tr>
        <td align = left>A</td>
        <td align = center>B</td>
        <td align = right>C</td>
    </tr>
</table>
```
运行效果如图1-13所示。

图 1-13

2. 垂直对齐方式

单元格的垂直对齐方式是指单元格中的内容在单元格内部垂直方向上的摆放位置,可以通过设置<tr>、<th>、<td>标签的valign属性实现靠上对齐(top)、垂直居中(middle)、靠下对齐(bottom)、基线对齐(baseline)。

```
<tr valign = #>
<th valign = #>
<td valign = #>
# = top,middle,bottom,baseline
    <table border height = 100>
        <tr>
            <th>Food</th>
            <th>Drink</th>
            <th>Sweet</th>
            <th>Other</th>
        </tr>
        <tr>
            <td valign = top>A</td>
            <td valign = middle>B</td>
            <td valign = bottom>C</td>
            <td valign = baseline>D</td>
        </tr>
    </table>
```

运行效果如图1-14所示。

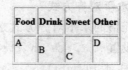

图 1-14

1.4.5 表格在页面中的对齐

表格自身在页面中的对齐方式可以通过设置<table>标签的align属性实现左对齐(left)、水平居中(center)、右对齐(right),效果如图1-15所示。

第1章 HTML

```
<table align = "left|center|right">
```

A	B	C
D	E	F

A	B	C
D	E	F

A	B	C
D	E	F

图 1-15

1.5 框　　架

本节介绍框架的基本语法、框架布局、框架间互相操作、外观、内联框架。

1.5.1 框架基本语法

<frameset>标签用来声明一个框架集,它被用来组织多个窗口(框架)。每个框架显示独立的文档。<frameset>标签通过 cols 属性和 rows 属性规定在框架集中有多少列或多少行。一个<frameset>内部可以定义<frame>,也可以定义<frameset>。

<frame>标签在一个<frameset>中声明一个框架,其 src 属性给出这个框架显示的 HTML 文件的 URL。

<noframes>标签可为那些不支持框架的浏览器显示文本。<noframes>标签位于<frameset>标签内部。

1.5.2 框架布局

1. 纵向排列多个窗口

<frameset>标签的 cols 属性可以把窗口分隔成纵向的几个窗口。

```
<frameset cols = "30%,20%,50%">
    <frame src = "A.html">
    <frame src = "B.html">
    <frame src = "C.html">
</frameset>
```

运行效果如图 1-16 所示。

2. 横向排列多个窗口

<frameset>标签的 rows 属性可以把窗口分隔成横向的几个窗口。

```
<frameset rows = "30%,20%,50%">
    <frame src = "A.html">
```

```
        <frame src = "B.html">
        <frame src = "C.html">
</frameset>
```
运行效果如图1-17所示。

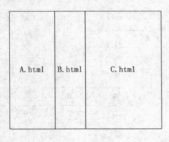

图1-16　　　　　　　　　图1-17

3. 纵横排列多个窗口

外层<frameset>将窗口垂直分隔成多个窗口,内层<frameset>将其中一个窗口进一步分隔成多个水平的窗口。当然,也可以先水平分隔,然后再垂直分隔。

```
<frameset cols = "20%,*">
    <frame src = "A.html">
    <frameset rows = "40%,*">
        <frame src = "B.html">
        <frame src = "C.html">
    </frameset>
</frameset>
```

运行效果如图1-18所示。

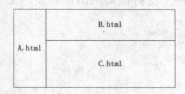

图1-18

1.5.3　框架间互相操作

1. 超链接结果显示到给定框架

要实现框架之间的互相操作,需要给框架给定一个名字。通过<frame>标签的name属性给出框架的名字。

<frame name = "myframe">

如果一个超链接想让浏览器用户单击超链接时把结果显示在一个框架中,通过<a>标签的target属性给出框架的名字。

<a target = "myframe"></a>

```
<frameset cols = "50%,50%">
    <frame src = "A.html">
    <frame src = "B.html"name = "myframe">
</frameset>
```
在A.html中的超链接<a href="C.html"target="myframe">我的链接</a>。

2．特殊的 4 类窗口

```
<a href="url"target="_blank">      新窗口
<a href="url"target="_self">       本窗口
<a href="url"target="_parent">     父窗口
<a href="url"target="_top">        整个浏览器窗口
```

1.5.4 内联框架

<iframe>标签可以创建一个包含另外一个 HTML 文档的内联框架。<frame>只能定义在<frameset>标签的内部，而<iframe>可以在 HTML 正文中定义，使用更加灵活。

```
<iframe src = ♯ name = ♯♯> ... </iframe>
```

♯ = 初始页面的 URL

♯♯ = 框架名字，之后可根据名字进行各框架间相互操作

```
<center>
    <iframe src = "A.html"name = "myiframe"width = "400"height = "300">
    </iframe>
    <br/><br/>
    <a href = "A.html"target = "myiframe">Load A</a><br>
    <a href = "B.html"target = "myiframe">Load B</a><br>
    <a href = "C.html"target = "myiframe">Load C</a><br>
</center>
```

1.6 本章小结

HTML(Hyper Text Markup Language)，即超文本标记语言，是制作网页文件的语言。CSS 即层叠样式表(Cascading Style Sheets)，它用来修饰 HTML 标签的样式。浏览器可以根据标签名字选择样式，根据 class 属性选择样式，也可以根据 id 属性选择样式。

常用的 HTML 标签的功能如表 1-1 所示。

表 1-1 常用的 HTML 标签的功能

标签	功能	标签	功能
<html></html>	HTML 文档	<form></form>	表单
<head></head>	文档头部	<input type=text>	文本框
<title></title>	文档标题	<input type=password>	密码框
<body></body>	文档主体	<input type=submit>	提交按钮
<a></a>	超链接	<input type=reset>	清除按钮

续表

\<hr/\>	水平线	\<input type=button\>	普通按钮
\<!-- --\>	注释	\<input type=checkbox\>	复选框
\<h1\>、\<h2\>、\<h3\>	标题	\<input type=radio\>	单选框
\<br/\>	换行	\<input type=image\>	图像按钮
\<ul\>\</ul\>	无序列表	\<input type=file\>	文件上传
\<ol\>\</ol\>	有序列表	\<select\>\</select\>	列表框
\<li\>\</li\>	列表项	\<option\>\</option\>	列表项
\<img/\>	图片	\<textarea\>\</textarea\>	文本区域
\<div\>	分块	\<font\>\</font\>	字体
\<b\>\</b\>	加粗	\<table\>\</table\>	表格
\<input type=hidden\>	隐藏表单	\<tr\>\</tr\>	表格的一行
\<td\>\</td\>	表格一个单元格		空格
&lt;	<	\<frameset\>	框架集
&gt;	>	\<frame\>	框架
&quot;	"	\<iframe\>	内联框架

第 2 章 JSP 简介

本章介绍常见的动态网页技术、JSP 的基本概念，以及常见的应用服务器、集成开发环境。详细介绍应用服务器 Tomcat 和集成开发环境 Eclipse 的使用，并指导大家使用 Eclipse 开发第一个 JSP 程序。

2.1 动态网页技术

本节内容包括动态网页的概念，以及常见动态网页技术 ASP、ASP.NET、PHP、Servlet、JSP 的介绍。

2.1.1 动态网页的概念

存放在 Web 服务器上的 HTML 文件、JPG 图片、GIF 图片是静态的资源。当浏览器请求这些资源的时候，服务器仅仅是读取位于其文件系统上的文件，然后通过 HTTP 响应发送给请求这些资源的浏览器。

动态网页实际上是位于服务器上的程序。浏览器在不同的时间、不同的地点、以不同的请求参数请求动态网页时，会引起服务器上程序的执行，程序将执行的结果响应给浏览器。动态网页具有如下特点：

➢ 动态网页可以根据用户的要求和选择而动态改变和响应。
➢ 不同时间、不同的人访问同一网址时会产生不同的页面。
➢ 动态网页需要服务器端程序的支持。

常见的动态网页技术有 ASP、ASP.NET、PHP、JSP 等。

2.1.2 ASP

ASP 是 Active Server Page 的缩写，意为"动态服务器页面"。ASP 是微软公司开发的一种应用，它可以与数据库和其他程序进行交互，是一种简单、方便的编程工具。ASP 网页可以包含 HTML 标记、普通文本、脚本命令以及 COM 组件等。ASP 可以向网页中添加交互式内容，可以创建使用 HTML 网页作为用户界面的 Web 应用程序。ASP 运行在 IIS(Internet Information Server)下。

2.1.3 ASP.NET

ASP.NET 不是 Active Server Page (ASP) 的下一个版本，而是一种建立在通用语言上的程序构架。不像以前的 ASP 即时解释程序，而是将程序在服务器端首次运行时进行编译，这样的执行效果，当然比一条一条的解释强很多。ASP.NET 构架可以用 Microsoft 公司的 Visual Studio.NET 开发环境进行开发，WYSIWYG(What You See Is What You Get,所见即为所得)的编辑。当创建 ASP.NET 应用程序时,开发人员可以使用 Web 窗体或 XML Web Services,或以他们认为合适的任何方式进行组合。

2.1.4 PHP

PHP 是超文本预处理语言(PHP:Hypertext Preprocessor)的缩写,是一种在服务器端执行的嵌入 HTML 文档的脚本语言。PHP 与 Apache 服务器紧密结合,PHP 开源免费。PHP4.0 脚本引擎——Zend 引擎,使用了一种更有效的编译—执行方式。

2.1.5 Servlet

Servlet 是一种独立于平台和协议的服务器端的 Java 应用程序,可以生成动态的 Web 页面。Servlet 是位于 Web 服务器内部的服务器端的 Java 应用程序,与传统的从命令行启动的 Java 应用程序不同,Servlet 由 Web 服务器进行加载,该 Web 服务器必须包含支持 Servlet 的 Java 虚拟机。不是由用户或程序员调用,而是由另外一个应用程序(容器)调用。Servlet 则没有图形界面,运行在服务器端。

2.1.6 JSP

JavaServer Pages(JSP)是一种实现普通静态 HTML 和动态 HTML 混合编码的技术。JSP 并没有增加任何本质上不能用 Servlet 实现的功能,但是在 JSP 中编写静态 HTML 更加方便,不必再用 println 语句来输出每一行 HTML 代码。JSP 由应用服务器编译成 Servlet,JSP 本质上也是 Servlet。

2.2 开发模式

2.2.1 C/S 模式

在传统的 Web 应用程序开发过程中,需要同时开发客户端和服务器端的程序,由服务器端的程序提供基本的服务,客户端是提供给用户的访问接口,用户可以通过客户端的软件获得服务器提供的服务,这种 Web 应用程序的开发模式就是传统的 C/S 模式,即客户端/服务器的开发形式。在这种模式中,由服务器端和客户端共同配合来完成复杂的业务逻辑。早期开发的网络软件一般都采用这种模式,现在的网络游戏中,一般也采用这种 Web 开发模式。在这些 Web 应用程序中,都需要用户安装客户端软件才可以使用。

在 C/S 模式中,多个客户机围绕着一个或者多个服务器,这些客户机上安装有客户端软件,负责客户端业务逻辑的处理。在服务器端仅仅对重要的过程与数据库进行处理和存储,每个客户端都分担服务器的压力,这些客户端可以根据不同用户的需求进行定制。C/S 模式的出现大大提高了 Web 应用程序的效率,给软件开发带来革命性的飞跃。

但是,随着时间的推移,C/S 模式的弊端开始慢慢显现:系统部署的时候需要在每个客户机上安装客户端软件,工作量大;软件的升级很麻烦,哪怕是很小的一点改动,都要把所有客户端软件全部修改更新。因此,C/S模式流行了一段时间以后,逐渐被另一种Web应用系统的开发模式所代替,这种新的模式就是B/S模式。

2.2.2 B/S模式

B/S(浏览器/服务器)模式采取了基于浏览器的策略,是目前Web应用程序开发中比较常用的一种开发模式。在这种开发模式中,软件开发人员只需专注于开发服务器端的程序,不需要单独开发客户端软件,用户通过浏览器就可以访问服务器端提供的服务。使用B/S模式可加快Web应用程序开发的速度,提高开发效率,目前的各大门户网站、各种Web信息管理系统等大都采用这种模式。

在B/S模式的浏览器端,也不用处理通信方面的问题,这些问题都由Web服务器解决,即由Web服务器处理用户的HTTP请求。

使用B/S模式,不仅减少了开发的任务量,而且使软件的部署和升级维护也变得非常简单,只需要把开发的Web应用程序部署在Web服务器中即可,而客户端更不需要进行任何改动,这是在C/S模式中无法实现的。但是B/S模式也有自身存在的一些缺点,例如,个性化特点明显降低,无法实现具有个性化的功能要求;页面动态刷新,响应速度明显降低。

2.2.3 C/S与B/S的比较

C/S是建立在局域网的基础上的,而B/S是建立在广域网的基础上的。虽然B/S模式在电子商务、电子政务等方面得到了广泛的应用,但并不是说C/S模式没有存在的必要,相反,在某些领域中C/S结构还将长期存在。下面从以下几个方面对C/S模式和B/S模式进行简单比较。

1. 支撑环境

C/S一般建立在专用的网络上,小范围内的网络、局域网之间再通过特定的服务器进行连接和数据交换;B/S建立在广域网之上,不需要专门的网络硬件环境,它有比C/S更强的适应性,只要有操作系统和浏览器就能实现。

2. 安全控制

C/S一般面向相对固定的用户群,对信息安全的控制能力很强,一般高度机密的信息系统采用C/S结构比较合适;B/S建立在广域网之上,对安全的控制能力相对较弱,面向的是不可知的用户群,可以通过B/S发布部分可公开的信息。

3. 程序架构

C/S模式更加注重流程,可以对权限进行多层次校验,对系统的运行速度可以较少考虑。B/S模式在安全以及访问速度上有比C/S更高的要求,需要建立在软硬件更加优化的基础之上。Microsoft公司的.NET系列、Sun和IBM推出的JavaBean构件技术都使得B/S更加成熟。

4. 构件重用

C/S模式侧重于整体性考虑,构件的重用性不是很好;B/S模式一般采用多重结构,要求构件有相对独立的功能,能够相对较好地重用。

5. 系统维护

由于C/S模式的程序的整体性,对它必须整体考察,因此,处理出现的问题以及进行系统升级都比较困难,一旦需要升级,可能要求开发一个全新的系统;B/S模式的程序由构件组成,通过构件的个别更换即可以实现系统的无缝升级,系统维护开销小。

6. 用户接口

C/S模式的系统多数是建立在Windows平台上的,其表现方法有限,对程序员的要求普遍较高;B/S的应用基于浏览器之上,有更加丰富和生动的表现方式,并且大部分开发难度较低,从而降低了成本。

7. 信息流

在C/S模式中程序一般是典型的集中式机械处理,交互性相对低;在B/S模式中信息流向可变化,如在电子商务的B2B、B2C和B2G中信息流向的变化很多。

在C/S和B/S这两种模式之间,并没有严格的界限,两种模式之间没有好坏之分,使用它们都可以实现系统的功能,开发人员可以根据实际的需要进行选择。

2.3 JSP基本概念

本节介绍JSP的工作原理、常用应用服务器、Web应用程序的结构、常见集成开发环境。

2.3.1 JSP的工作原理

JSP是在传统的网页HTML文件(*.htm,*.html)中插入Java程序段(Scriptlet)和JSP标签(Tag),从而形成JSP文件(*.jsp)。用JSP开发的Web应用是跨平台的,即能在Windows、Linux下运行,也能在其他安装Java虚拟机的操作系统上运行。服务器在页面被客户端请求以后对这些Java代码进行处理,然后将生成的HTML页面返回给客户端的浏览器。Java Servlet是JSP的技术基础,而且大型的Web应用程序的开发需要Java Servlet和JSP配合才能完成。

当服务器上的一个JSP页面被第一次请求执行时,服务器上的JSP引擎首先将JSP页面文件转译成一个Java文件,再将个Java文件编译生成字节码文件,然后通过执行字节码文件响应客户的请求。当多个客户请求一个JSP页面时,JSP引擎为每个客户启动一个线程,该线程负责执行常驻内存的字节码文件来响应相应客户的请求。

2.3.2 常见应用服务器

常见的应用服务器有Tomcat、Jboss、Resin、Weblogic、WebSphere、GlassFish。

- Tomcat——http://tomcat.apache.org/
- Jboss——http://www.jboss.org/
- Resin——http://www.caucho.com/
- Weblogic——http://www.oracle.com/appserver/weblogic/weblogic-suite.html

➢ WebSphere——http://www.ibm.com/websphere/
➢ GlassFish——https://glassfish.dev.java.net/

2.3.3 Web 应用程序的目录结构

一般来讲，应用服务器在安装目录下有个 webapps 目录，此处可以用于部署 Web 应用程序。root 目录用于部署根应用，即通过"http://domain:port/"即可访问，而不需要虚拟路径名。webapps 下每个目录是一个 Web 应用，比如我们可以在 webapps 下新建一个目录 myweb 作为一个新的 Web 应用，访问的 URL 是"http://domain:port/myweb/"。我们可以把打包的 Web 应用（.war 文件）直接放到 webapps 文件夹，Web 应用可以自动部署结构，如图 2-1 所示。

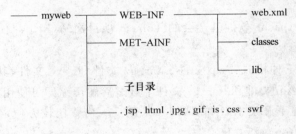

图 2-1

一个典型的 Web 应用程序的目录结构如图 2-1 所示，其中各个目录和文件的解释如下：

➢ myweb/WEB-INF，供应用程序内部使用的文件夹，浏览器无法直接访问。
➢ myweb/WEB-INF/web.xml，应用程序部署描述文件，可以声明 Servlet、Filter、Listener。
➢ myweb/WEB-INF/lib，用于存放类库的目录，里面存放扩展名为.jar 的文件。
➢ myweb/WEB-INF/classes，用于存放.class 文件的目录。
➢ myweb/META-INF，用于存放某些元数据描述文件，比如 Tomcat 配置连接池的 context.xml。
➢ myweb/子目录，Web 应用的下一级子目录。
➢ .jsp 为 JSP 文件，.html 为 HTML 文件，.jpg 和.gif 为图片文件，.js 为 JavaScript 文件，.css 为层叠样式表文件，.swf 为 Flash 文件。

2.3.4 常见集成开发环境

当前用于开发 JSP 的集成开发环境主要是 Eclipse 和 NetBeans。
Eclipse——http://www.eclipse.org/
NetBeans——http://www.netbeans.org/

2.4 应用服务器 Tomcat

本节内容包括 Tomcat 简介、安装 Tomcat、启动/停止 Tomcat、访问 Tomcat。

2.4.1 Tomcat 简介

➢ Tomcat 服务器是一个免费的开放源代码的、轻量级的 Web 应用服务器。

➢ Tomcat 是 Apache 软件基金会(Apache Software Foundation)的 Jakarta 项目中的一个核心项目。

➢ 由于有了 Sun 的参与和支持,最新的 Servlet 和 JSP 规范总是能在 Tomcat 中得到体现,Tomcat 5 支持最新的 Servlet 2.4 和 JSP 2.0 规范。

➢ 因为 Tomcat 技术先进、性能稳定,而且免费,因而深受 Java 爱好者的喜爱并得到了部分软件开发商的认可,成为目前比较流行的 Web 应用服务器。

2.4.2 安装 Tomcat

Tomcat 可以从 Apache 软件基金会的 Tomcat 项目网站(http://tomcat.apache.org/)下载。

Tomcat Core 有三种格式:.zip 文件、.tar.gz 文件和.exe 文件,其中.exe 格式将作为 Windows 服务安装,.zip 文件和.tar.gz 文件下载之后解压缩即可使用。

在 Windows 环境下开发 JSP 和 Servlet 采用.zip 格式比较方便,我们下载之后可以解压到文件夹 D:\java\tomcat5。

需要注意的是,Tomcat 自身不带 JDK(Java 开发工具包,Java Development Kit),用户需要在使用 Tomcat 之前下载并安装 JDK。

2.4.3 启动/停止 Tomcat

将 Tomcat 启动为控制台应用程序的步骤如下,执行界面如图 2-2 所示。

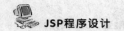

图 2-2

➢ Tomcat 需要 JDK 的支持,它需要知道 JDK 所在的路径,为此我们需要配置环境变量 JAVA_HOME 或者 JRE_HOME。

➢ "我的电脑"→"属性"→"高级"→"环境变量"→"系统变量"→"新建"→变量名：JAVA_HOME,变量值:C:\Program Files\Java\jdk1.6.0_12。

➢ 进入 DOS 命令提示行:"开始"→"运行"→输入"cmd"→按回车键。

➢ 进入 Tomcat 所在分区:d:。

➢ 进入 Tomcat 执行文件所在路径:cd java\tomcat5\bin。

➢ 启动 Tomcat:startup.bat。

➢ 停止 Tomcat:shutdown.ba。

注意：Tomcat 默认占用的端口有 8005、8009、8080。如果有其他程序占用了这些端口的一个或者多个,将导致 Tomcat 无法正常启动。

在 Windows 下可以使用 netstat 命令查看处于监听状态的端口,常用的命令行参数是"netstat-ano",如图 2-3 所示。

图 2-3

2.4.4 访问 Tomcat

Tomcat 启动之后,我们就可以使用浏览器访问 Tomcat：

➢ 打开浏览器,在地址栏中输入"http://localhost:8080/",即可以访问 Tomcat 的 ROOT 应用。

➢ 如果想访问已经部署的某个特定的应用,可以在浏览器地址栏中输入"http://localhost:8080/appdir"。

➢ Tomcat 提供的 JSP 例子:http://localhost:8080/jsp-examples/。

➢ Tomcat 提供的 Servlet 例子:http://localhost:8080/servlets-examples/。

执行界面如图 2-4 所示。

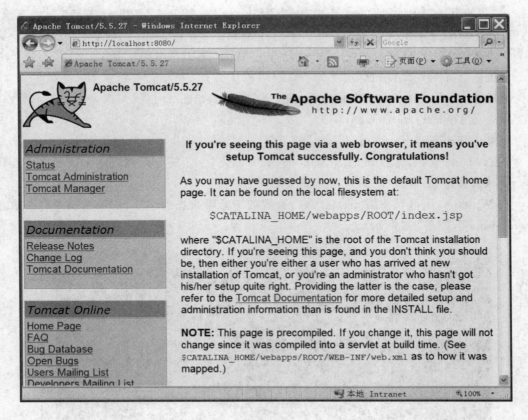

图 2-4

2.4.5 安装/移除 Tomcat 服务

Tomcat 除了运行为控制台应用程序外，也可以安装为 Windows 服务，随着 Windows 操作系统的启动而自动启动。

➢ 进入 DOS 命令行："开始"→"运行"→"cmd"。

➢ 进入 Tomcat 可执行文件路径：TomcatHome\bin(d：改变盘符，cd 改变路径，dir 列文件，即进入目录 D:\java\tomcat5\bin)。

➢ 安装服务：service.bat install。

➢ 查看服务："控制面板"→"管理工具"→"服务"，在服务列表里能找到"Apache Tomcat"。

➢ 服务自动启动：双击服务"Apache Tomcat"，修改启动类型为"自动"。

➢ 移除服务：service.bat remove。

2.4.6 修改 Tomcat 监听端口

Tomcat 默认的监听端口为 8080，用户使用浏览器访问 Tomcat 的时候需要在浏览器地址栏中输入端口号，例如：

http://www.oakcms.cn:8080/

HTTP 协议的默认端口是 80，当浏览器访问服务器时，如果没有给出要访问的端口，浏览器访问80端口。我们可以通过修改Tomcat的配置文件server.xml来修改Tomcat的监听端口。server.xml位于Tomcat目录下的conf子目录中。在server.xml中找到如下片段，把其中的port="8080"修改成port="80"，就在访问服务器时不给出端口。

```
<!-- Define a non-SSL HTTP/1.1 Connector on port 8080 -->
<Connector port="8080"maxHttpHeaderSize="8192"
    maxThreads="150"minSpareThreads="25"maxSpareThreads="75"
    enableLookups="false"redirectPort="8443"acceptCount="100"
    connectionTimeout="20000"disableUploadTimeout="true"/>
```

注意：如果已经有其他Web服务器占用了80端口，Tomcat将无法启动。我们可以在命令提示符界面输入"netstat-ano"查看处于监听状态的端口。

2.5 集成开发环境MyEclipse

目前，为了便于开发，通常直接下载安装带插件版Eclipse，并且从MyEclipse8.5开始集成了JDK和tomcat。这里选择MyEclipse10。

2.5.1 安装Myeclipse10

下载MyEclipse10。下载完成后，双击运行安装程序，会先收集信息。完成后进入正式的安装界面，如图2-5所示。

图2-5

在窗口的提示信息中，说明了该MyEclipse的版本。确认无误后，单击"Next"按钮，如图2-6所示。

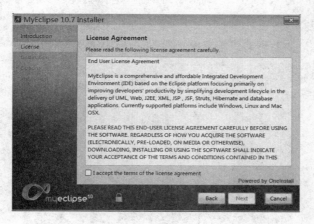

图2-6

勾选复选框，单击"Next"按钮，会弹出如图 2-7 所示窗口，在此可选择 MyEclipse 的安装路径。

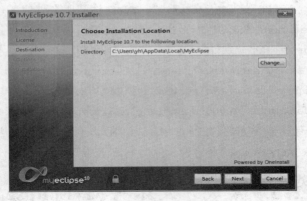

图 2-7

在该窗口中，选择 MyEclipse 的安装路径，可以选择系统中的任何一个位置。选择好后，单击"Next"按钮，进入如图 2-8 所示的对话框。

图 2-8

单击"Next"按钮，进入如图 2-9 所示的对话框，选择安装多少位的版本。单击"Next"按钮开始安装 MyEclipse10。

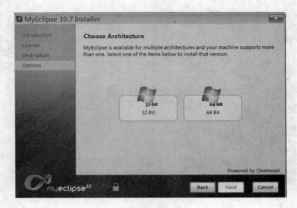

图 2-9

完成后,弹出对话框,要求选择工作空间。选择好后单击"OK"按钮后即可打开 MyEclipse 10。

2.5.2 开发第一个 JSP 程序

(1) 打开 Myeclipse10,如图 2-10 所示。

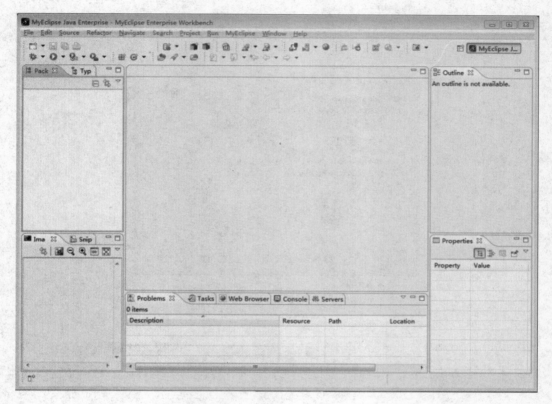

图 2-10

(2) 单击"file"—"new"—"Web Project",输入项目名称,这里我们输入的是"FirstJsp",如图 2-11 所示。

(3) 在页面左侧的 workspace 中出现了新建立的项目,项目名为 FirstJsp,Web 项目结构如图 2-12 所示。

(4) 在 WebRoot 下新建 JSP 文件,命名为"hello.jsp",如图 2-13 所示。

(5) 在＜body＞内部输入 Hello JSP! 如图 2-14 所示。

(6) 单击 Servers 视图,如图 2-15 所示。

(7) 选择 MyEclipse Tomcat,单击鼠标右键,选择 Add Deployment,弹出如图 2-16 所示的对话框。

(8) Project 选择新建项目:FirstJsp,选择"Finish"。Servers 视图选择"MyEclipse Tomcat",单击鼠标右键,选择"Run Server"。Console 视图出现服务器启动信息,如图 2-17 所示。

(9) 打开浏览器,输入"http://localhost:8080/FirstJsp/hello.jsp"后按回车键,显示界面如图 2-18 所示。

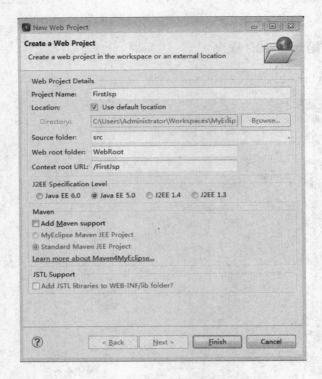

图 2-11

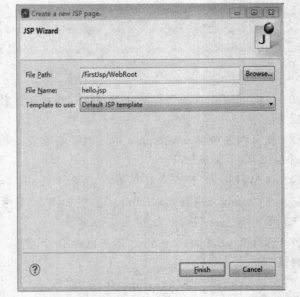

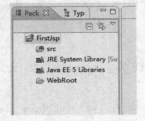

图 2-12　　　　　　　　　　　图 2-13

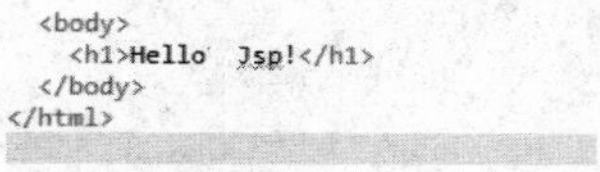

```
<body>
    <h1>Hello Jsp!</h1>
</body>
</html>
```

图 2-14

图 2-15

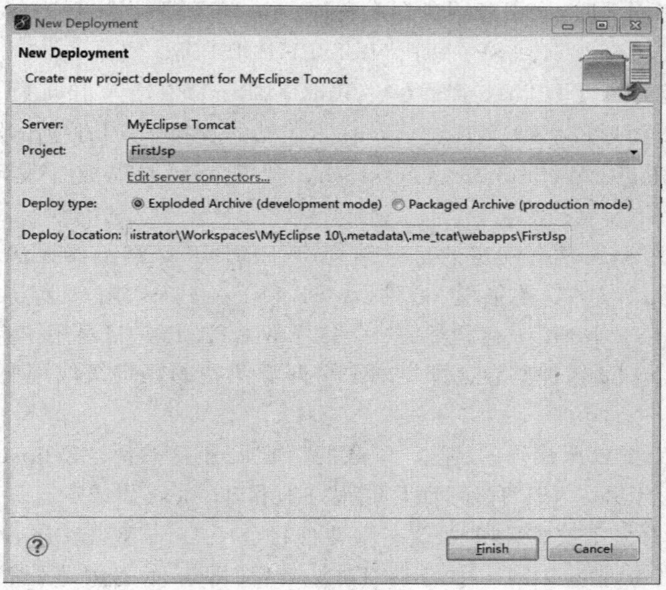

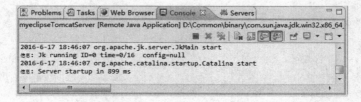

图 2-16

图 2-17

图 2-18

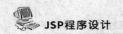

其中 localhost 是本机的域名，解析得到的 IP 地址是 127.0.0.1，这个 IP 代表本机。8080 是 Tomcat 监听的端口。FirstJsp 项目名，hello.jsp 是 JSP 的文件名，其处于 WebRoot 文件夹里面。

2.6 本章小结

动态网页实际上是位于服务器上的程序。浏览器在不同的时间、不同的地点、以不同的请求参数请求动态网页时，会引起服务器上程序的执行，程序将执行的结果响应给浏览器。常见的动态网页技术有 CGI、ASP、ASP.NET、PHP、JSP 等。

JSP 是在传统的网页 HTML 文件(＊.htm,＊.html)中插入 Java 程序段(Scriptlet)和 JSP 标签(Tag)，从而形成 JSP 文件(＊.jsp)。常见的支持 JSP 的应用服务器有 Tomcat、Jboss、Resin、Weblogic、WebSphere、GlassFish。开发 JSP 的集成开发环境有 Eclipse 和 NetBeans。

Java Web 应用程序具有固定的目录结构，WEB-INF 是浏览器无法直接查看的目录，WEB-INF/web.xml 是部署描述文件，WEB-INF/classes 用于存放零散的类文件(＊.class)，WEB-INF/lib 用于存放类库(＊.jar)，META-INF 目录用于存放元数据。

Tomcat 是 Apache 软件基金会开发的一个开源免费的轻量级应用服务器，是开发 JSP 的首选环境。

Eclipse 是一个开放源代码的、基于 Java 的可扩展开发平台。Eclipse IDE for Java EE Developers 可以用于开发 JSP 程序，而且能很好地和 Tomcat 集成。

在 Eclipse 中开发 JSP 应该建立动态网站项目(Dynamic Web Project)，并把项目添加到 Tomcat 服务器中，在 Eclipse 中启动 Tomcat 后，即可使用浏览器访问项目中的 JSP 文件。

第3章　JSP 语法

本章介绍 JSP 的基本语法,包括指令元素、脚本元素、动作元素、注释。指令元素告诉 JSP 容器如何编译 JSP 文件,脚本元素是 JSP 文件中的 Java 代码,动作元素是用来协助处理客户请求的。

3.1　JSP 文件的组成

JSP 是 HTML 和 Java 脚本混合的文本文件,可以处理用户的 HTTP 请求,并返回动态的页面。JSP 由指令元素、脚本元素、动作元素、注释和 HTML 标签构成。

3.1.1　一个典型的 JSP 文件

一个典型的 JSP 文件如下,文件名为"test.jsp",文件中包含 page 指令、声明、表达式、小脚本以及 HTML 标签。

```
<%@ page language="java" import="java.util.*" pageEncoding="utf-8"%>
<html>
<head>
<meta http-equiv="Content-Type" content="text/html;charset=utf-8"/>
<title>一个典型的 JSP 文件</title>
</head>
<%!
    int count=10;
    String getDate(){
       return new java.util.Date().toString();
    }
%>
<body>
<h2>当前时间是:<%=getDate()%></h2>
<table width="400" border="1">
<tr>
    <td width="100">学号</td>
    <td width="300">姓名</td>
</tr>
<%
for(int i=1;i<=count;i++){
```

```
            %>
            <tr><td><%=i%></td><td><%="Name"+i%></td></tr>
            <%
        }
        %>
    </table>
</body>
</html>
```

3.1.2 分析 JSP 文件中的元素

typical.jsp 文件的内容简单分析如下：
- <%@ page language="java" contentType="text/html;charset=utf-8"%> page 指令用来说明如何编译 JSP 文件。
- <%!   %>声明，用来定义类的成员变量和成员方法。
- <%   %> Scriptlet，Java 代码。
- <%=   %>表达式，计算并输出 Java 表达式的值。

3.1.3 JSP 文件的运行结果

新建动态网站项目(Dynamic Web Project)，项目名为"FirstJsp"。在项目的 WebRoot 目录中新建 JSP 文件，文件名为"test.jsp"。启动服务器 Tomcat，然后打开浏览器并在地址栏输入下面的 URL，就可以看到 JSP 文件的运行结果，如图 3-1 所示。

http://localhost:8080/FirstJsp/test.jsp

图 3-1

上面看到是浏览器把 HTML 解释后展现给用户的效果，实际的 HTML 文件的内容如下：
<html>
<head>

```
<meta http-equiv = "Content-Type"content = "text/html;charset = utf-8"/>
<title>第一个 JSP 文件</title>
</head>
<body>
<h2>当前时间是:Wed Sep 24 22:01:03 CST 2008</h2>
<table width = "400"border = "1">
   <tr>
       <td width = "100">学号</td>
       <td width = "300">姓名</td>
   </tr>
   <tr><td>1</td><td>Name1</td></tr>
   <tr><td>2</td><td>Name2</td></tr>
   <tr><td>3</td><td>Name3</td></tr>
   <tr><td>4</td><td>Name4</td></tr>
   <tr><td>5</td><td>Name5</td></tr>
   <tr><td>6</td><td>Name6</td></tr>
   <tr><td>7</td><td>Name7</td></tr>
   <tr><td>8</td><td>Name8</td></tr>
   <tr><td>9</td><td>Name9</td></tr>
   <tr><td>10</td><td>Name10</td></tr>
</table>
</body>
</html>
```

3.2 JSP 中的注释

注释可以增强 JSP 页面的可读性,并易于 JSP 页面的维护。JSP 页面中的注释可分为以下三种。

(1) HTML 注释:在标记符号"<!--"和"-->"之间加入注释内容。

<!--   注释内容   -->

JSP 引擎计算注释中的表达式,并把 HTML 注释交给用户,因此用户通过浏览器查看 JSP 页面的源文件时,能够看到 HTML 注释。

(2) JSP 注释:在标记符号"<%--"和"--%>"之间加入注释内容。

<%--   注释内容   --%>

JSP 引擎忽略 JSP 注释,即在编译 JSP 页面时忽略 JSP 注释,因此浏览器用户是无法通过查看源文件看到 JSP 注释的。

(3) Java 注释:在"/*"和"*/"之间可以加入单行或多行注释,在"//"后可以加入单行注释。

/*   注释行 1
      注释行 2

       注释行3   */
//单行注释内容
comment.jsp
```jsp
<%@ page language="java" contentType="text/html;charset=utf-8"
    pageEncoding="utf-8" %>
<html>
<head>
<title>comment</title>
</head>
<body>
<h2>HTML注释举例</h2>
<!-- HTML注释   -->
<!-- 含表达式的HTML注释 <%=new java.util.Date()%>  -->
<h2>JSP注释举例</h2>
<%--   JSP注释   --%>
<h2>Java注释举例</h2>
<%
    /*
        多行注释
    */
    String software = "OakCMS内容管理系统";
    //单行注释
    String developer = "佟强";
%>
</body>
</html>
```

comment.jsp输出的HTML源文件为：
```html
<html>
<head>
<title>comment</title>
</head>
<body>
<h2>HTML注释举例</h2>
<!--HTML注释    -->
<!-- 含表达式的HTML注释 Sat Apr 04 11:15:47 CST 2009 -->
<h2>JSP注释举例</h2>
<h2>Java注释举例</h2>
</body>
</html>
```

3.3 指令元素

JSP 指令元素用来告诉 JSP 容器如何编译 JSP 文件，JSP 指令元素有三个：页面指令 page、包含指令 include、标签库指令 taglib。

3.3.1 page 指令

page 指令用来定义 JSP 文件中的全局属性。一个 JSP 页面可以包含多个 page 指令，除了 import 属性外，其他属性只能出现一次。page 指令的作用对整个 JSP 页面有效，与其书写的位置无关，但习惯把 page 指令写在 JSP 页面的最前面。

＜%@ page
[language = "java"]
[import = "{package.class|package.*},..."]
[contentType = "TYPE;charset = CHARSET"]
[session = "true|false"]
[buffer = "none|8kb|sizekb"]
[autoFlash = "true|false"]
[isThreadSafe = "true|false"]
[info = "text"]
[errorPage = "relativeURL"]
[isErrorPage = "true|false"]
[extends = "package.class"]
[isELIgnored = "true|false"]
[pageEncoding = "CHARSET"]
%＞

例如：
＜%@ page language = "java" contentType = "text/html;charset = utf-8"
　　　pageEncoding = "utf-8" session = "true"
　　　import = "java.io.*,java.sql.*,javax.sql.*,java.util.*" %＞

在对浏览器的响应中，应用服务器负责通知浏览器使用怎么的方法来处理所接收到的信息，这就要求 JSP 页面必须设置相应的 MIME 类型和字符集，即设置 contentType 属性。MIME 是 Mutipurpose Internet Mail Extention 的缩写，常见的 MIME 类型有 text/html、image/jpeg、image/gif、application/msword、application/vnd.ms-excel、application/x-shockwave-flash 等。JSP 页面一般用于输出 text/html，而其他类型更倾向于使用 Servlet 输出。

如果用户的浏览器不支持某种 MIME 类型，那么用户的浏览器就无法用相应的应用程序处理所接收到得信息。比如使用 page 指令设置 contentType 属性的值为"application/msword"，如果用户的计算机没有安装 Microsoft Word 应用程序，将会导致浏览器就无法处理所接收到的信息。

page 指令的属性的描述、默认值和例子,如表 3-1 所示。

表 3-1 page 指令的属性的描述、默认值和例子

属性	描述	默认值	例子
language	定义要使用的脚本语言,目前只能是"java"	"java"	language="java"
import	和一般的 Java import 意义一样,用于引入要使用的类,只是用逗号","隔开包或者类列表	默认省略	import="java.io.*, java.util.Hashtable"
session	指定所在页面是否参与 HTTP 会话	"true"	session="true"
buffer	指定到客户输出流的缓冲模式。如果为 none,则不缓冲;如果指定数值,那么输出就用不小于这个值的缓冲区进行缓冲。与 autoFlash 一起使用	不小于 8KB,根据不同的服务器可设置	buffer="64kb"
autoFlush	true 缓冲区满时,到客户端输出被刷新;false 缓冲区满时,出现运行异常,表示缓冲区溢出	"true"	autoFlush="true"
info	关于 JSP 页面的信息,定义一个字符串,可以使用 servlet.getServletInfo()获得	默认省略	info="测试页面"
isErrorPage	表明当前页是否为其他页的 errorPage 目标。如果被设置为 true,则可以使用 exception 对象。相反,如果被设置为 false,则不可以使用 exception 对象	"false"	isErrorPage="true"
errorPage	定义此页面出现异常时调用的页面	默认省略	errorPage="error.jsp"
isThreadSafe	用来设置 JSP 文件是否能多线程使用。如果设置为 true,那么一个 JSP 能够同时处理多个用户的请求;相反,如果设置为 false,一个 JSP 只能一次处理一个请求	"true"	isThreadSafe="true"
contentType	定义 JSP 字符编码和页面响应的 MIME 类型。TYPE=MIME TYPE;charset=CHARSET	text/html; charset=ISO-8859-1	"text/html; charset=gb2312"
pageEncoding	JSP 页面的字符编码	ISO-8859-1	pageEncoding="gb2312"
isELIgnored	指定 EL(表达式语言)是否被忽略。如果为 true,则容器忽略"${}"表达式的计算	"false"	isELIgnored="true"

3.3.2 include 指令

include 指令通知容器在当前 JSP 页面在指定的位置嵌入其他文件。被包含的文件内容可以被 JSP 解析,这种解析发生在编译期间。

＜%@ include file="filename" %＞

其中 filename 为要包含的文件名。需要注意的是,一经编译,内容不可变,如果要改变

内容,必须重新编译 JSP 文件,但是它的执行效率高。Tomcat 会检测文件的改动,并自动重新编译。

如果 filename 以"/"开头,那么路径是参照 JSP 应用的路径;如果 filename 是文件名,或者是以目录名开头,那么路径是以 JSP 文件所在路径为参照的相对路径。

3.3.3 taglib 指令

taglib 指令允许页面使用自定义标签。首先用户要开发标签库,为标签库编写.tld 配置文件,然后在 JSP 页面中使用 taglib 指令引入标签库。在 JSP2.0 规范中引入了 JSTL 标签库。JSP 中使用 taglib 指令引入标签库。

3.4 脚本元素

JSP 脚本元素是 JSP 最烦琐的元素,特别是 Scriptlet,在早期的 JSP 代码中占主导地位。脚本元素通常是 Java 写的脚本代码,可以声明变量和方法,可以包含任意的 Java 代码和表达式计算。

3.4.1 声明(Declaration)

在 JSP 中,声明是一段 Java 代码,它用来定义在产生的类文件中类的属性和方法。声明后的变量和方法可以在 JSP 的任意地方使用。可以声明方法,也可以声明变量。声明的格式如下:

```
<%!
    variable declaration
    method declaration(paramType param,...)
%>
```

1. 变量声明

```
<%!
    int m,n = 100,k;
    String message;
    String siteName = "OakCMS.cn";
    Date date;
%>
```

由"<%!"和"%>"之间声明的变量是类的成员变量,这些变量在整个 JSP 页面内都有效,与"<%!"和"%>"标记符在页面中所在的位置无关,但习惯上把"<%!"和"%>"标记符写在 JSP 页面的前面。当多个客户端请求同一个 JSP 页面时,JSP 引擎为每个客户端启动一个线程,这些线程共享类的成员变量,任何一个客户端对成员变量的修改都将影响其他客户端。因此,声明的成员变量存在线程安全问题,应该尽量避免使用。

在小脚本中使用上面声明的变量的代码如下:

```
<%
    m = 20;
```

```
        k = m + n;
        message = "Hello JSP!";
        date = new Date();
        out.println(siteName);
%>
```

2. 方法声明

```
<%!
        /*将两个整数相加,返回相加的结果*/
        int add(int x,int y) {
            return x + y;
        }
        /*计算n的阶乘*/
        long factorial(long n) {
            long fact = 1;
            for(long i = 1;i<= n;i++) {
                fact *= i;
            }
            return fact;
        }
%>
```

在"<%!"和"%>"之间声明的方法是类的成员方法,在整个JSP页面内有效。但方法内部定义的变量是局部变量,方法被调用时才分配局部变量的存储空间,调用完毕即可释放所占的内存。

(1) 在小脚本中使用上面定义的add()方法：

```
<%
        int a = 100;
        int b = 23;
        int c = add(a,b);
        out.println("a = " + a + " " + "b = " + b + " " + "c = " + c);
%>
```

(2) 在表达式中使用factorial()方法：

```
<h2>10 的阶乘是<%= factorial(10) %></h2>
```

变量声明和方法声明的例子查看项目 ch3 的"declaration.jsp",运行结果如图 3-2 所示。

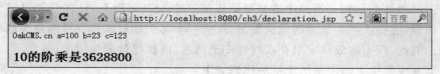

图 3-2

3.4.2 表达式(Expression)

表达式是在 JSP 请求处理阶段计算它的值,所得的结果转换为字符串并输出。表达式在页面的位置,也就是该表达式计算结果显示的位置。表达式的语法是:

<% = Java Expression %>

表达式必须能求值,而且不能以";"(分号)结束,因为表达式不是 Java 的语句。

3.5 动作元素

JSP 动作元素在请求处理阶段作用,而 JSP 指令元素是在编译时作用的。

3.5.1 <jsp:param>

<jsp:param>操作用来以"名称—值"对的形式为其他标签提供附加信息。它与<jsp:include>、<jsp:forward>和<jsp:plugin>一起使用。它的使用形式如下:

<jsp:param name = "paramName" value = "paramValue"/>

其中,name 为参数的名称,value 为参数的值。

3.5.2 <jsp:include>

<jsp:include>操作在处理用户请求时动态地引入其他资源(JSP、HTML)。被包含的对象只有对 JSP Writer 对象的访问权,不能设置 Header 或者 Cookie。与 include 指令相比,<jsp:include>操作发生在处理用户请求时,是动态的;而 include 指令发生在 JSP 文件编译时,是静态的。

<jsp:include page = "url" flush = "true"/>

或者:

<jsp:include page = "url" flush = "true">
    <jsp:param name = "paramName" value = "paramValue"/>
    ……
</jsp:include>

注意:被包含的文件只能输出 HTML 文件的片段,而不能是完整的 HTML 文件,否则将导致输出的结果包含重复的<html>、<head>、<title>、<body>等标签。

3.5.3 <jsp:forward>

<jsp:forward>操作可以将请求转发到另一个 JSP、Servlet 或者静态资源文件。请求被转向到的资源必须位于同 JSP 发送请求相同的 Web 应用中。当遇到此操作时,就停止执行当前的 JSP,转而执行转向的资源。

<jsp:forward page = "uri"/>

或者:

<jsp:forward page = "uri">
    <jsp:param name = "paramName" value = "paramValue"/>

……
</jsp:forward>

3.5.4 \<jsp:useBean\>

JSP 和 JavaBean 配合使用,JavaBean 用于封装业务处理代码,JSP 负责页面展示,实现业务逻辑和表现形式的分离。\<jsp:useBean\>操作用来在 JSP 页面中获取或者创建一个 JavaBean 实例,并指定它的名字和作用范围。JSP 容器确保 JavaBean 对象在指定的范围内可以使用。

关于 JavaBean 的使用本书将在第 5 章进行详细的讲解。

3.6 本章小结

JSP 页面由 HTML 标签、脚本元素、指令元素、动作元素和注释构成。JSP 引擎在 JSP 页面第一次被访问时,将 JSP 页面转译成 Java 文件(.java 文件),然后编译为字节码文件(.class 文件),实例化为 Java 对象为用户提供服务。

指令元素是告诉 JSP 引擎如何编译 JSP 页面的,作用在编译时。page 指令主要用来定义 JSP 页面响应的内容类型和导入其他类库。include 指令静态包含一个文件到 JSP 页面中。taglib 指令在 JSP 页面中引入标签库。

脚本元素是 JSP 页面中的 Java 代码。声明,即\<%! %\>,用于定义类的成员变量和方法。表达式,即\<%= %\>,用于输出一个 Java 表达式的值。小脚本,即\<% %\>,可以是任何合法的 Java 语句。

动作元素在请求处理阶段作用,协助处理用户的请求。动作元素发生在动态运行时,而脚本元素发生的编译时。\<jsp:include\>动态调用另外一个 JSP 页面。\<jsp:forward\>将请求转发到另外一个 JSP 页面。\<jsp:param\>配合\<jsp:include\>和\<jsp:forward\>使用,提供请求参数。\<jsp:useBean\>用于实例化一个 JavaBean。

JSP 中的注释有 HTML 注释(\<!－－ －－\>)、JSP 注释(\<%－－ －－%\>)和 Java 注释(/* */和//)。

第 4 章 JSP 内部对象

本章首先介绍 HTTP 协议相关的基础知识,这可以让读者理解 JSP 内部对象的原理。然后,详细介绍 JSP 的 9 个内部对象：out、request、response、session、application、config、page、pageContext、exception。最后,给出几个典型的例子,以达到综合运用 JSP 语法和 JSP 内部对象的目的。

4.1 HTTP 协议

本节介绍 HTTP 协议相关的基础知识,内容包括统一资源定位符(URL)、超文本传输协议(HTTP)的工作原理、HTTP 报文的格式和 Cookie。

4.1.1 统一资源定位符

统一资源定位符(Uniform Resource Locator,URL)用来表示因特网上资源的位置和访问这些资源的方法。URL 给资源的位置提供一种抽象的表示方法,并用这种方法给资源定位。只要能够对资源定位,用户就可以对资源进行各种操作,如存取、更新、替换和查看属性。

这里所说的"资源"是指在因特网上可以被访问的任何对象,包括目录、文件、图像、声音等,以及与因特网相连的任何形式的数据。URL 相当于文件名在网络范围的扩展。由于访问不同资源所使用的协议不同,所以 URL 还给出访问某个资源时所使用的协议。URL 的一般形式如下：

<协议>://<主机>:<端口>/<路径>/<文件名>

例如,http://news.sina.com.cn/c/2009-04-06/013517553188.shtml。

<协议>指出使用什么协议来获取该互联网资源。现在最常用的协议就是 HTTP(超文本传输协议),其次是 FTP(文件传输协议)。在<协议>后面规定必须写上的格式"://",不能省略。<主机>指出万维网文档是在哪一个主机上,可以给出域名,可以给出 IP 地址。<端口>为服务器监听的端口,HTTP 协议默认端口是 80,FTP 协议默认端口是 21。<路径>和<文件名>进一步给出资源在服务器上的位置,但是它们的名称是虚拟的,和服务器上的物理名称可能不同。

对于动态网页,用户通常还需要给服务器提供访问动态网页的参数。因此,URL 的后面还可以跟上一个英文问号("?"),问号的后面以"参数名称=参数值"的形式给出多组参数,每组之间用符号"&"分隔,称之为查询串(query string)。

<协议>://<主机>:<端口>/<路径>/<文件名>?<参数 1>=<值 1>&<参数 2>=<值 2>

例如,http://www.oakcms.net:8080/index.jsp? op=bind&id=100。

4.1.2 HTTP 工作原理

1. HTTP 工作过程

HTTP 协议定义 Web 客户端如何从 Web 服务器请求 Web 页面,以及服务器如何把 Web 页面传送给客户端。HTTP 协议采用了请求/响应模型。客户端向服务器发送一个请求报文,请求报文包含请求的方法、URL、协议版本、请求头部和请求数据。服务器以一个状态行作为响应,响应的内容包括协议的版本、成功或者错误代码、服务器信息、响应头部和响应数据。图 4-1 表明了这种请求/响应模型。

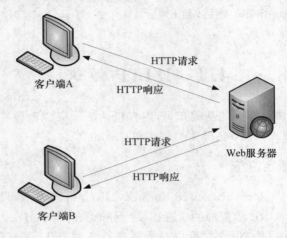

图 4-1

以下是 HTTP 请求/响应的步骤:

(1) 客户端连接到 Web 服务器

一个 HTTP 客户端,通常是浏览器,与 Web 服务器的 HTTP 端口(默认为 80)建立一个 TCP 套接字连接。例如,http://www.oakcms.cn。

(2) 发送 HTTP 请求

通过 TCP 套接字,客户端向 Web 服务器发送一个文本的请求报文,一个请求报文由请求行、请求头部、空行和请求数据 4 部分组成。

(3) 服务器接受请求并返回 HTTP 响应

Web 服务器解析请求,定位请求资源。服务器将资源复本写到 TCP 套接字,由客户端读取。一个响应由状态行、响应头部、空行和响应数据 4 部分组成。

(4) 释放连接 TCP 连接

Web 服务器主动关闭 TCP 套接字,释放 TCP 连接;客户端被动关闭 TCP 套接字,释放 TCP 连接。

(5) 客户端浏览器解析 HTML 内容

客户端浏览器首先解析状态行,查看表明请求是否成功的状态代码。然后解析每一个响应头,响应头告知以下为若干字节的 HTML 文档和文档的字符集。客户端浏览器读取响应数据 HTML,根据 HTML 的语法对其进行格式化,并在浏览器窗口中显示。

2. HTTP 协议的无状态性

HTTP 协议是无状态的(stateless)。也就是说,同一个客户端第二次访问同一个服务器上的页面时,服务器无法知道这个客户端曾经访问过,服务器也无法分辨不同的客户端。HTTP 的无状态特性简化了服务器的设计,使服务器更容易支持大量并发的 HTTP 请求。

3. 持久连接

HTTP1.0 使用的是非持久连接,客户端必须为每一个待请求的对象建立并维护一个新的连接。因为同一个页面可能存在多个对象,所以非持久连接可能使一个页面的下载变得十分缓慢,而且这种短连接增加了网络传输的负担。HTTP1.1 引入了持久连接,允许在同一个连接中存在多次数据请求和响应,即在持久连接情况下,服务器在发送完响应后并不关闭 TCP 连接,而客户端可以通过这个连接继续请求其他对象。

4.1.3 HTTP 报文格式

HTTP 报文是面向文本的,报文中的每一个字段都是一些 ASCII 码串,各个字段的长度是不确定的。HTTP 有两类报文:请求报文和响应报文。

1. 请求报文

一个 HTTP 请求报文由请求行(request line)、请求头部(header)、空行和请求数据 4 个部分组成,图 4-2 给出了请求报文的一般格式。

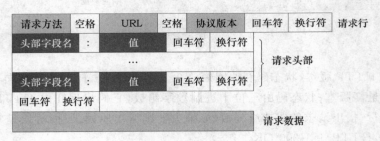

图 4-2

(1) 请求行

请求行由请求方法字段、URL 字段和 HTTP 协议版本字段 3 个字段组成,它们用空格分隔。例如,GET/index.html HTTP/1.1。

HTTP 协议的请求方法有 GET、POST、HEAD、PUT、DELETE、OPTIONS、TRACE、CONNECT。这里介绍最常用的 GET 方法和 POST 方法。

GET:当客户端要从服务器中读取文档时,使用 GET 方法。GET 方法要求服务器将 URL 定位的资源放在响应报文的数据部分,回送给客户端。使用 GET 方法时,请求参数和对应的值附加在 URL 后面,利用一个问号("?")代表 URL 的结尾与请求参数的开始,传递参数长度受限制。例如,/index.jsp?id=100&op=bind。

POST:当客户端给服务器提供信息较多时可以使用 POST 方法。POST 方法将请求参数封装在 HTTP 请求数据中,以名称/值的形式出现,可以传输大量数据。

(2) 请求头部

请求头部由关键字/值对组成,每行一对,关键字和值用英文冒号":"分隔。请求头部通知服务器有关于客户端请求的信息,典型的请求头有如下 3 种:

User-Agent:产生请求的浏览器类型。
Accept:客户端可识别的内容类型列表。
Host:请求的主机名,允许多个域名同处一个 IP 地址,即虚拟主机。

(3) 空行

最后一个请求头之后是一个空行,发送回车符和换行符,通知服务器以下不再有请求头。

(4) 请求数据

请求数据不在 GET 方法中使用,而是在 POST 方法中使用。POST 方法适用于需要客户填写表单的场合。与请求数据相关的最常使用的请求头是 Content-Type 和 Content-Length。

2. 响应报文

一个 HTTP 响应报文由状态行、响应头部、空行和响应数据 4 个部分组成。图 4-3 给出了响应报文的一般格式。

图 4-3

(1) 状态行

状态行由 HTTP 版本、状态码和原因短语 3 个标记组成。HTTP 版本向客户端知名服务器可理解的最高版本;状态码由三位十进制数字组成,它们出现在由 HTTP 服务器所发送响应的第一行,指出请求的成功或失败,如果失败则指出原因;原因短语是状态码的可读性解释。例如,HTTP/1.1 200 OK。

HTTP 状态码分为 5 种类型,由它们的第一位数字区分。

➢ 1xx:信息响应,表示接收到请求并且继续处理。
➢ 2xx:处理成功响应,表示动作被成功接收、理解和接受。
➢ 3xx:重定向响应,为了完成指定的动作,必须接受进一步处理。
➢ 4xx:客户端错误,请求包含语法错误或者请求无法实现。
➢ 5xx:服务器错误,服务器不能正常执行一个正确的请求。

最常用的 HTTP 状态码有以下几个:

➢ 200 OK:请求成功,并且被请求的资源将会在响应信息中返回。
➢ 301 Moved Permanently:客户请求的对象已永久性迁移,新的 URL 在 Location 头中给出,浏览器会自动地访问新的 URL。
➢ 302 Moved Temporarily:所请求的对象被暂时迁移。
➢ 400 Bad Request:服务器无法理解客户端的请求。
➢ 404 Not Found:服务器上不存在所请求的文档。客户端在对该请求做出更改之前,不应再次向服务器重复发送该请求。
➢ 500 Server Error:服务器异常,不能完成客户的请求。最常见的情况是服务器端脚本出现语法错误,或者是脚本不能正常运行。

> 505 HTTP Version Not Supported:服务器不支持所请求的 HTTP 协议版本。

（2）响应头部

和请求头一样,它们指出服务器的功能,标识出响应数据的细节。

（3）空行

最后一个响应头之后是一个空行,发送回车符和换行符,表明服务器以下不再有响应头。

（4）响应数据

HTML 文档和图像等,也就是 HTML 本身。

4.1.4 Cookie

HTTP 协议是无状态的,这样做使服务器可以支持大量并发的 HTTP 请求。但在实际应用中,一些网站常常希望能够跟踪用户。例如,在网上购物时,一个用户要购买多个物品。当他把选好的一件商品放入购物车后,他还要继续浏览和选购其他商品。因此,服务器需要记住这个用户的身份,使他再接着选购的商品能够放入同一个购物车中,以便统一结账。要做到这点,可以在 HTTP 中使用 Cookie。

Cookie 是当用户浏览网站时,网站存储在用户机器上的一个小文本文件。它可以记录用户的用户名、密码、浏览过的网页、停留的时间等信息。当用户再次来到该网站时,网站通过读取 Cookie,得知用户的相关信息,就可以做出相应的动作,如在页面显示欢迎用户的标语,或者让用户不用输入用户名、密码就直接登录等。

IE 存放 Cookie 的目录是"C:\Documents and Settings\用户名\Cookies"。这是一个隐藏文件夹,需要在"控制面板"→"文件夹选项"→"查看"→"高级设置"中,取消选中"隐藏受保护的操作系统文件(推荐)",把"显示所有文件和文件夹"选中。

要了解 Cookie,必不可少地要知道它的工作原理。每个 Cookie 具有一个名字、值和超时时间。一般来说,Cookie 通过 HTTP 响应头从服务器端返回到浏览器上。首先,服务器端在响应中利用 Set-Cookie 响应头来创建一个 Cookie 发送给浏览器,浏览器将 Cookie 写到文件系统上。然后,只要 Cookie 没有超时,即使浏览器所在的计算机重新启动,浏览器在后续的 HTTP 请求中通过 Cookie 请求头包含这个已经创建的 Cookie,并且将它发送至服务器。服务器读取浏览器发送过来的 Cookie,得到 Cookie 的名字和值,从而了解用户相关的信息。一个服务器可以给一个浏览器发送多个 Cookie,这些 Cookie 会在该浏览器对这个服务器的后续访问中以 HTTP 请求头的形式传回服务器。可见,Cookie 提供了无状态协议 HTTP 上的用户跟踪机制。

4.2 内部对象介绍

为了简化页面的开发,JSP 提供了一些内部对象。这些内部对象不需要由 JSP 的编写者实例化,它们由容器实现和管理,用户可以在 JSP 页面中直接使用这些对象。所有的内部对象可以在 Scriptlet(<% %>)和表达式(<%=%>)中使用,但是在声明(<%! %>)中不可用。

JSP 的内部对象有 9 个:out、request、response、session、application、page、config、pageContext、

exception。其中 exception 只有在错误处理页面才可以使用(错误处理页面是在 page 指令中的属性 isErrorPage="true")。

4.2.1 内部对象的功能

JSP 内部对象的功能简要介绍如下:

out	输出对象,用于向客户端输出数据。
request	请求对象,可以获取用户请求参数、HTTP 请求头、用户 IP 地址等。
response	响应对象,可以设置 HTTP 响应头,重定向,设置响应的 MIME 类型等。
session	会话对象,通过 Cookie 或者 URL 重写维护会话 ID,用于跟踪用户。
application	应用对象,表示整个 Web 应用。
page	页面对象,表示当前页面,相当于 this 引用。
config	配置对象,表示 Servlet 配置。
pageContext	页面上下文对象。
exception	异常对象,表示 JSP 执行期间发生的异常。

4.2.2 内部对象的类型

JSP 的每个内部对象对应 Java 的类或者接口,内部对象的类型如表 4-1 所示。

表 4-1 JSP 内部对象的类型

对象	类型	描述
request	javax.servlet.http.HttpServletRequest	请求对象
response	javax.servlet.http.HttpServletResponse	响应对象
pageContext	javax.servlet.jsp.PageContext	页面上下文对象
session	javax.servlet.http.HttpSession	会话对象
application	javax.servlet.ServletContext	应用对象
out	javax.servlet.jsp.JspWriter	输出对象
config	javax.servlet.ServletConfig	配置对象
page	java.lang.Object	当前页面
exception	java.lang.Throwable	异常对象

4.3 内部对象

本节详细介绍 9 个内部对象:out、request、response、session、application、page、config、pageContext 和 exception。

4.3.1 out

out 对象表示对客户端的输出,可以使用它向客户端发送字符型的数据。out 对象的主要方法有:

out. print()　　　　输出各种类型的数据。
out. println()　　　输出各种类型的数据,并输出一个换行符。

方法 println()和 print()的区别是:println()会向客户端输出一个换行符,而 print()不写入换行。但是,由于 println()输出的换行会被浏览器解析时忽略,如果想让浏览器显示的内容换行,可以通过 out. println("<br/>")来实现。

4.3.2 request

request 对象封装了客户端的 HTTP 请求报文,它实现了 HttpServletRequest 接口,通过它可以获得用户的请求参数,获得 Cookie,获得 HTTP 请求头,获得用户的 IP 地址等。request 对象的主要方法如表 4-2 所示。

表 4-2　JSP 内部对象的类型

方法	描述
getParameter(String name)	获得客户端传送给服务器端的参数值,该参数一般由表单的 name 属性指定
getParameterValues(String name)	获得客户端传送给服务器的参数的所有值,返回一个字符串数组
getParameterNames()	获得客户端传送给服务器的所有参数的名字,其结果是一个枚举的实例
getHeader(String name)	获得一个 HTTP 请求头的值
getHeaders(String name)	获得一个 HTTP 请求头的所有值
getHeaderNames()	获得所有 HTTP 请求头的名字
getMethod()	获得请求方法(GET、POST)
getCookies()	获得 Cookie 的数组
setAttribute(String n,Object o)	在 request 上设置一个属性和属性的值
getAttribute(String name)	获得 request 对象上的一个属性的值
removeAttribute(String name)	删除 request 对象的一个属性
getAttributeNames()	获得 request 对象上的所有属性的值
getRequestURL()	获得客户端请求的 URL
getRequestURI()	获得客户端请求的 URI
getQueryString()	获得查询字符串,即客户端通过 GET 方法传递参数时附加在 URI 后面的字符串
getServerName()	获得服务器的名字
getServerPort()	获得服务器的端口
getContextPath()	获得 Web 应用的虚拟路径
getLocalAddr()	获得客户端请求的服务器的 IP 地址
getRemoteAddr()	获得客户端的 IP 地址
getLocale()	获得客户端语言
getSession([boolean create])	返回与请求相关的 HttpSession
getRequestDispatcher(String path)	获得 path 对应的 RequestDispatcher 对象
setCharacterEncoding(String enc)	设置请求参数使用的字符集

1. 获得请求参数

无论请求参数是以 GET 方法,还是以 POST 方法提交到 JSP 页面的,都可以使用 getParameter()或 getParameterValues()来读取请求参数的值。

表单域的 name 属性为传递到 JSP 页面的参数的名字,value 属性为传递的值。常用的表单域参数值的读取方法已经在第 1 章表单部分介绍。

2. 处理中文参数乱码(character_encoding.jsp)

request 对象读取请求参数时默认采用的英文字符集 ISO-8859-1。如果请求参数的值含有中文字符,读出的字符串将是乱码。读取含中文字符的参数值需要正确地设置 request 对象的字符编码。JSP 页面需要在调用 getParameter()方法之前,调用 setCharacterEncoding()方法设置使用什么字符集。常用的表示中文的字符集有:GB2312、GBK、UTF-8。字符集的设置应该和发送请求的 JSP 页面的编码一致。

```jsp
<%@ page language = "java" contentType = "text/html;charset = GB18030"
    pageEncoding = "GB2312" %>
<html>
<head>
<title>字符编码</title>
</head>
<body>
<form action = "character_encoding.jsp" method = "post">
    <p>姓名:<input type = "text" name = "name"/></p>
    <p><input type = "submit" name = "submit" value = "提交"/></p>
</form>
<%
    //设置字符集语句需要放在所有 getParameter()方法之前
    request.setCharacterEncoding("GB2312");
    String name = request.getParameter("name");

    if(name! = null) {
        out.println("<h2>姓名:" + name + "</h2>");
    }
%>
</body>
</html>
```

正确读取中文字符串的情况如图 4-4 所示。

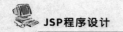

图 4-4

去掉 request.setCharaterEncoding("GB2312")出现乱码的情况如图 4-5 所示。

图 4-5

3. 获得用户的使用的浏览器(user_agent.jsp)

浏览器信息存在于 HTTP 请求头中,对应的关键字为"User-Agent",可以使用 getHeader()方法读取 HTTP 请求头。

```
<%
    String userAgent = request.getHeader("User-Agent");
    out.println(userAgent);
%>
```

IE8.0 的输出是:

Mozilla/4.0(compatible;MSIE 8.0;Windows NT 5.1;Trident/4.0;.NET CLR 1.1.4322;InfoPath.2;.NET CLR 2.0.50727;.NET CLR 3.0.04506.648;.NET CLR 3.5.21022;.NET CLR 3.0.4506.2152;.NET CLR 3.5.30729)

FireFox3.0 的输出是:

Mozilla/5.0(Windows;U;Windows NT 5.1;zh-CN;rv:1.9.0.8) Gecko/2009032609 Firefox/3.0.8(.NET CLR 3.5.30729)

我们通过判断 HTTP 的请求头 User-Agent,其中含有"MSIE 8.0"判断用户使用的浏览器是 Internet Explorer 8.0,其中含有"Firefox"判断用户使用的浏览器是 Firefox。

4. 获得链接的来源(referer1.jsp referer2.jsp)

HTTP referer 是一个 HTTP 请求头,名字是"referer",当浏览器向 Web 服务器发送请求的时候,一般会带上 referer,告诉服务器是从哪个页面链接过来的。服务器可以获得 referer 用于处理,比如统计每天有都少访问是从搜索引擎链接过来的,如图 4-6 所示。

```
<%@ page language="java"contentType="text/html;charset=GB2312"%>
<html>
<head><title>referer</title></head>
<body>
<p><a href="referer2.jsp">链接到 referer2.jsp</a></p>
</body>
</html>
```

```
<%@ page language="java"contentType="text/html;charset=GB2312"%>
<html>
<head><title>获得链接的来源</title></head>
```

```
<body>
<%
    String referer = request.getHeader("referer");
%>
<p>您是从<%=referer%>链接到本网页的。</p>
</body>
</html>
```

图 4-6

5. 请求相关的一些信息(request_info.jsp)

HTML 表格默认显示的边框比较难看,这个 JSP 页面中我们利用 CSS 修饰了表格的背景、表头单元格的背景和单元格的背景,并设置了表格边框 border="0"和单元格间隙 cellspacing="1",这样单元格间隙显示了表格背景色,看起来就像表格的边框,如图 4-7 所示。

```
<%@ page language="java" contentType="text/html;charset=GB2312"
    pageEncoding="GB2312"%>
<html>
<head>
<title>用户请求相关的一些信息</title>
<style type="text/css">
table{
  background-color:#CCCCCC;
   font-size:16px;
}
tr{
  height:20px;
  line-height:20px;
}
th{
  background-color:#EEEEEE;
}
td{
  background-color:#FFFFFF;
}
</style>
</head>
<body>
```

```
    <table width = "780"border = "0"align = "center"cellspacing = "1">
    <tr align = "center">
        <th>项目</th><th>方法</th><th>方法返回值</th>
    </tr>
    <tr align = "center">
        <td>请求的 URL</td><td>getRequestURL()</td><td><% = request.getRequestURL()%></td>
    </tr>
    <tr align = "center">
        <td>请求的 URI</td><td>getRequestURI()</td><td><% = request.getRequestURI()%></td>
    </tr>
    <tr align = "center">
        <td>查询串</td><td>getQueryString()</td><td><% = request.getQueryString()%></td>
    </tr>
    <tr align = "center">
        <td>服务器域名</td><td>getServerName()</td><td><% = request.getServerName()%></td>
    </tr>
    <tr align = "center">
        <td>服务器端口</td><td>getServerPort()</td><td><% = request.getServerPort()%></td>
    </tr>
    <tr align = "center">
        <td>Web 应用虚拟路径</td>
        <td>getContextPath()</td><td><% = request.getContextPath()%></td>
    </tr>
    <tr align = "center">
        <td>请求的服务器 IP</td><td>getLocalAddr()</td><td><% = request.getLocalAddr()%></td>
    </tr>
    <tr align = "center">
        <td>客户端的 IP</td><td>getRemoteAddr()</td><td><% = request.getRemoteAddr()%></td>
    </tr>
    <tr align = "center">
        <td>客户端语言</td><td>getLocale()</td><td><% = request.getLocale()%></td>
```

```
</tr></table>
</body>
</html>
```

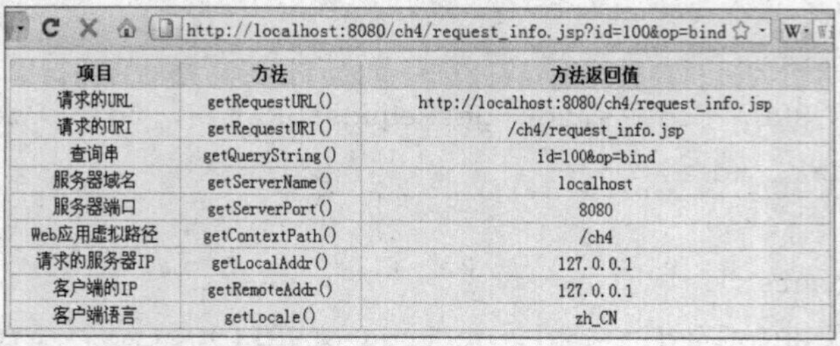

图 4-7

6. request 范围内共享属性(request_attribute.jsp)

request 对象上可以绑定属性,绑定的属性在用户一次请求的范围内有效。用户的一次请求是可能经过多个页面的,使用<jsp:include>包含的,或者使用<jsp:forward>转向的页面与当前页面共享同一个 request 对象。此外,如果请求经过过滤器,过滤器里访问的 request 对象和 JSP 页面中的是同一个对象。

request 对象上的属性可以使用 getAttribute()方法读取,也可以使用表达式语言 EL 以非常简洁的方式读取,如图 4-8 所示。

```
<%@ page language = "java" contentType = "text/html;charset = GB2312"
    pageEncoding = "GB2312"%>
<html>
<head>
<title>request 范围内共享属性</title>
</head>
<body>
<%
    request.setAttribute("software_name","学籍管理系统");
    request.setAttribute("developer","小鱼工作室");
%>
<!-- 使用表达式语言 EL 读取属性 -->
<h2>软件:<% = request.getAttribute("software_name")%></h2>
<h2>开发者: ${developer}</h2>
</body>
</html>
```

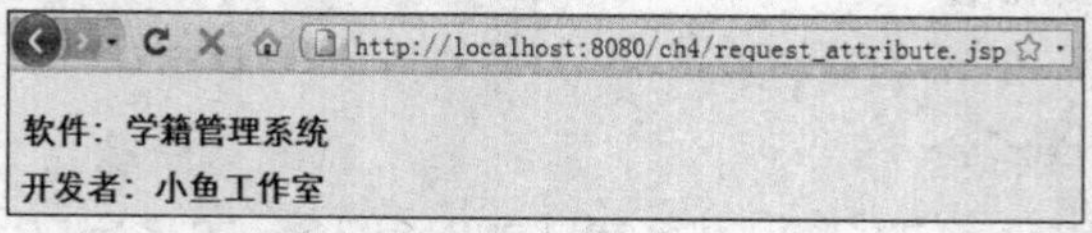

图 4-8

4.3.3 response

response 对象实现了 HttpServletResponse 接口。response 对象封装了 JSP 产生的响应,它被发送到客户端以响应客户的请求。由于输出流是缓冲的,所以可以设置 HTTP 状态码和响应头。response 对象的主要方法如表 4-3 所示。

表 4-3　JSP 内部对象的类型

方法	描述
setContentType(String ct)	设置 HTTP 响应的 MIME 类型
addCookie(Cookie c)	添加一个 Cookie,浏览器会把 Cookie 保存到客户端本地文件系统上
addHeader(String n,String v)	添加一个 HTTP 响应头,如果已经存在同名的 header,则会覆盖已有的 header
containsHeader()	判断指定名字的 HTTP 响应头是否已经存在
encodeURL(String url)	如果需要,把 sessionId 编码到 URL 中
encodeRedirectURL(String url)	如果需要,把 sessionId 编码到重定向 URL 中
getWriter()	返回可以向客户端发送文本信息的 PrintWriter
getOutputStream()	获得到客户端的输出流对象
sendRedirect(String location)	向客户端发送重定向状态码 302,并发送重定向的 URL,即 location。客户端收到这个响应之后会请求 location 给出的 URL
sendError(int c,String msg)	向客户端发送错误代码。这些错误代码是 HTTP 协议规定的,比如 404 是文件未找到

1. 发送和读取 Cookie(cookie_send.jsp 和 cookie_read.jsp)

Cookie 是网站为了辨别用户身份而储存在用户本地终端上的数据。每个 Cookie 包含名字、值、生存时间等信息。服务器将 Cookie 通过 HTTP 响应头发送给浏览器,浏览器将 Cookie 存储在本地文件系统上,并在后续的访问中把该服务器发送的 Cookie 传回服务器。服务器可以利用 Cookie 跟踪用户。

向用户浏览器发送 Cookie 使用 response 对象的 addCookie()方法。

```
<%
    Cookie myCookie = new Cookie("myCookieName","myCookieValue");
    myCookie.setMaxAge(60 * 60 * 24 * 7);   //生存时间,单位为秒,1 周
    response.addCookie(myCookie);
%>
```

如果想查看 IE 在本地文件系统上 Cookie 的小文本文件,首先做两项工作:

➢ "IE"→"工具"→"Internet 选项"→"常规"→"删除"→"Cookie",这样避免 Cookies 文件夹下的 Cookie 太多。

➢ "我的电脑"→"工具"→"文件夹选项"→"查看"→"高级设置",取消选中"隐藏受保护

的操作系统文件(推荐)",把"显示所有文件和文件夹"选中,因为 Cookies 文件夹是隐藏文件夹,只有这样才能看到。

然后使用 IE 访问 cookie_send.jsp,一个 Cookie 将发送到 IE 浏览器,IE 会在文件夹"C:\Documents and Settings\用户名\Cookies"下建立一个小文本文件,使用写字板将小文本文件打开,就可以查看 Cookie 的内容,如图 4-9 所示。

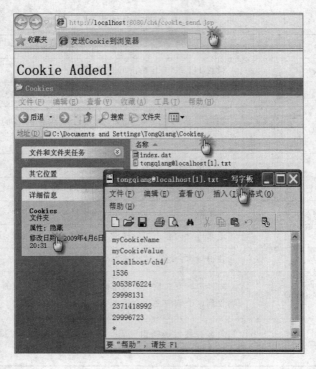

图 4-9

获得浏览器传递过来的 Cookie 使用 request 对象的 getCookies()方法,该方法返回一个 Cookie 数组,遍历这个数组即可获得浏览器发送到服务器的全部 Cookie。

```
<%
    Cookie[] cookies = request.getCookies();
    if(cookies! = null){
        for(int i = 0;i<cookies.length;i + +){
            out.println(cookies[i].getName() + " = " + cookies[i].getValue() + "<br/>");
        }
    }
%>
```

使用 IE 浏览器访问 cookie_read.jsp,可以读到两个 Cookie,一个名字为 myCookieName,这个 Cookie 是 cookie_send.jsp 发送的;另一个名字为 JSESSIONID,这个 Cookie 是 Tomcat 为了维护用户会话而发送的,内容为 session 对象的 ID,如图 4-10 所示。这个 Cookie 默认的超时时间为 30 分钟,而且不会写到文件系统上。

第4章 JSP内部对象

图 4-10

2. URL 重写(url.jsp)

Tomcat 通过一个名字为 JSESSIONID 的 Cookie 来跟踪用户,但是如果用户的浏览器禁用了 Cookie,还可以选择使用 URL 重写跟踪用户。所谓 URL 重写就是把 JSESSIONID 编码到 URL 中。response 对象的 encodeURL()方法提供了 URL 重写的功能,它可以在用户浏览器禁用 Cookie 的时候将 JSESSIONID 编码在 URL 中,如果用户浏览器没有禁用 Cookie,则不会把 JSESSIONID 编码到 URL 中。

```
<%@ page language = "java" contentType = "text/html;charset = GB2312"
    pageEncoding = "GB2312" %>
<html>
<head><title>URL 重写</title></head>
<body>
<%
    String url = "http://localhost:8080/ch4/url.jsp?myparam = myvalue";
    url = response.encodeURL(url);
    out.println(session.getId());
%>
<p><a href = "<% = url %>"><% = url %></a></p>
</body>
</html>
```

默认情况下 IE 是接受 Cookie 的,因此是看不到 JSESSIONID 编码到 URL 中。

http://localhost:8080/ch4/url.jsp?myparam = myvalue

禁用 Cookie:"IE"→"Internet 选项"→"隐私"→"设置"→"高级",阻止第一方 Cookie,阻止第三方 Cookie。重新启动 IE 后再次访问 url.jsp 将看到 JSESSIONID 编码到 URL 中。

http://localhost:8080/ch4/url.jsp;jsessionid = DA9C3BFA2183A142FCFE51D8541F7D13?myparam = myvalue

3. 重定向(redirect.jsp)

重定向可以使用户的浏览器重新请求另外一个 URL。JSP 中可以使用 response 对象的 sendRedirect()方法使得用户的浏览器重新请求该方法给出的 URL。一般用户登录失败,或者超时退出之后,可以重定向到登录页面。

下面这段代码演示请求参数"num"为负数时,重定向到另外一个 URL。

```
<%@ page language = "java" contentType = "text/html;charset = GB2312"
    pageEncoding = "GB2312" %>
<html>
```

```
<head><title>重定向</title></head>
<body>
<%
  String num = request.getParameter("num");
  if(num == null){
      num = "0";
  }
  int n;
  try{
      n = Integer.parseInt(num);
  }catch(NumberFormatException e){
      n = 0;
  }
  if(n<0){
      response.sendRedirect("http://www.oakcms.cn/");
  }
%>
<h1>没有重定向,请求参数num&lt;0时将重定向</h1>
</body>
</html>
```

重定向的原理:重定向实际上是向浏览器发送状态码302,说明请求的资源被临时迁移,并通过响应头Location给出新的URL。因此response.sendRedirect("http://www.oakcms.cn")等效于下面两行代码(redirect2.jsp)。

```
response.addHeader("Location","http://www.oakcms.cn/");
response.sendError(302);
```

4.3.4 session

session对象实现了HttpSession接口,用于保存每个用户的状态。session对象保存在容器里,sessionId通过Cookie在服务器和客户端之间往返发送。如果客户端不支持Cookie,就可以转换为使用URL重写。

一般情况下,客户端首次访问Web应用时,容器为其创建session对象,session对象具有一个唯一的ID。在容器对首次访问的响应中,容器将这个唯一的ID通过Cookie方式发送到客户端浏览器。浏览器在后续的每次访问时会把Cookie发送到服务器,容器从Cookie中获得sessionId,根据sessionId在容器中找到该用户的session。因此,一个用户的多次HTTP请求对应的是同一个session对象。

session的超时:一方面,由于容器要保存和管理session对象,这会占用系统资源;另一方面,为了安全的原因,如果用户没有正常退出系统,用户应该经过一段时间后能够自动退出系统。因此,session是会超时的,当session超时后,session对象和session对象上的属性就被容器销毁了。session对象的主要方法如表4-4所示。

表 4-4 JSP 内部对象的类型

方法	描述
setAttribute(String n,Object v)	在 session 对象上设置一个属性的值
getAttribute(String name)	获得 session 对象上指定名字的属性值
removeAttribute(String name)	删除 session 对象上指定名字的属性
getAttributeNames()	获得 session 对象上所有属性的名字
getId()	获得 sessionId,每个 session 的 ID 是不同的
getCreationTime()	获得 session 创建的时间,自 1970 年 1 月 1 日毫秒数
getLastAccessedTime()	获得 session 对应的客户端最后一次访问的时间
getMaxInactiveInterval()	获得 session 对象的超时时间间隔,单位秒
setMaxInactiveInterval(int t)	设置 session 对象的超时时间间隔,单位秒
invalidate()	销毁 session 对象
getServletContext()	获得 ServletContext 对象,即 application

1. session 范围内共享属性(session1.jsp session2.jsp)

session 提供了一个客户端的多次请求之间共享数据的机制。一个 JSP 页面可以在 session 对象上设置属性,而在另外一个 JSP 页面中可以读取设置的属性。但是 session 局限于同一个客户端的多次请求之间共享数据,session 无法实现不同客户端之间的数据共享。

session1.jsp 在 sesssion 对象上设置了两个属性"userName"和"email",如图 4-11 所示。

<％＠ page language＝"java"contentType＝"text/html;charset＝GB2312"％>
<html>
<head><title>在 session 对象上设置属性</title></head>
<body>
<％
    session.setAttribute("userName","tongqiang");
    session.setAttribute("email","tongqiang@yeah.net");
％>
<p>session 设置了属性,到另外一个页面<a href＝"session2.jsp">session2.jsp</a>读取</p>
</body>
</html>

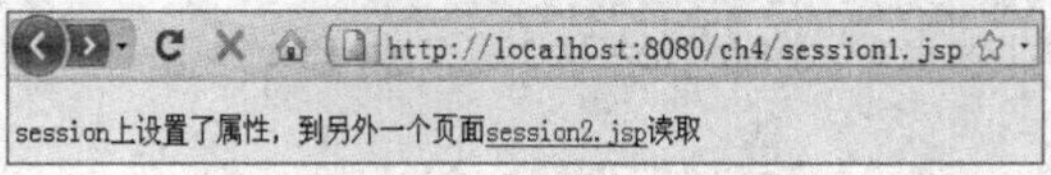

图 4-11

session2.jsp 中使用 session.getAttribute()方法或表达式语言 EL 读取 session 对象的属性,如图 4-12 所示。

<％＠ page language＝"java"contentType＝"text/html;charset＝GB2312"％>

```
<html>
<head><title>读取session对象上的属性</title></head>
<body>
<%
    String userName = (String)session.getAttribute("userName");
    out.println("<p>" + userName + "</p>");
%>
<p>${email}</p>
</body>
</html>
```

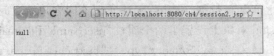

图 4-12

关闭全部浏览器窗口，重新启动浏览器，直接访问 session2.jsp。这时已经不是同一个客户端了，对应不同的 session 对象，读取 session 上的属性将为 null，如图 4-13 所示。或者从其他计算机上访问，也是不同的客户端。

图 4-13

2. session 相关信息(session_info.jsp)

```
<%@ page language = "java" contentType = "text/html;charset = GB2312"
    import = "java.text.*,java.util.*" %>
<html>
<head><title>session 相关信息</title></head>
<body>
<%!
    //格式化时间的方法,time 为 1970 年 1 月 1 日到现在的毫秒数
    String formatTime(long time){
        SimpleDateFormat myPattern = new SimpleDateFormat("yyyy-MM-dd HH:mm:ss");
        return myPattern.format(new Date(time));
    }
%>
<table width = "780" border = "0" align = "center" cellspacing = "1">
<tr align = "center">
    <th>项目</th><th>方法</th><th>方法返回值</th>
```

```
</tr>
<tr align = "center">
    <td>会话 ID</td><td>getId()</td><td><% = session.getId() %></td>
</tr>
<tr align = "center">
    <td>会话超时间隔时间</td><td>getMaxInactiveInterval()</td>
    <td><% = session.getMaxInactiveInterval() %>秒</td>
</tr>
<tr align = "center">
    <td>会话创建时间</td><td>getCreationTime()</td>
    <td><% = formatTime(session.getCreationTime()) %></td>
</tr>
<tr align = "center">
    <td>客户端最后访问时间</td><td>getLastAccessedTime()</td>
    <td><% = formatTime(session.getLastAccessedTime()) %></td>
</tr>
<tr align = "center">
    <td>客户端超时时间</td><td>最后访问时间 + 超时间隔</td>
    <td><% =
      formatTime(session.getLastAccessedTime() + session.getMaxInactiveInterval() * 1000 )
      %></td>
</tr>
</table>
</body>
</html>
```

具体运行情况如图 4-14 所示。

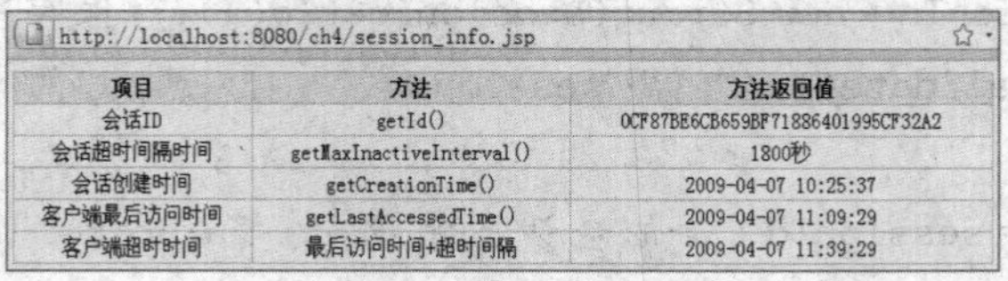
http://localhost:8080/ch4/session_info.jsp

项目	方法	方法返回值
会话ID	getId()	0CF87BE6CB659BF71886401995CF32A2
会话超时间隔时间	getMaxInactiveInterval()	1800秒
会话创建时间	getCreationTime()	2009-04-07 10:25:37
客户端最后访问时间	getLastAccessedTime()	2009-04-07 11:09:29
客户端超时时间	最后访问时间+超时间隔	2009-04-07 11:39:29

图 4-14

3. session 的超时

session 对象的超时是可以控制的，有如下 3 种方法：

(1) session 超时时间间隔默认一般为 30 分钟，但是可以在/WEB-INF/web.xml 中配置超时间隔时间，单位为分钟。

```
<session-config>
    <session-timeout>60</session-timeout>
</session-config>
```

（2）调用 session 对象的 setMaxInactiveInterval()方法设置超时时间间隔,单位为秒。但是这种方法仅影响当前客户端的超时间隔,对于其他客户端没有影响(session_interval.jsp)。

```
<%@ page language = "java" contentType = "text/html;charset = GB18030" %>
<html>
<head><title>设置 session 超时时间间隔</title></head>
<body>
<%
    session.setMaxInactiveInterval(60 * 20);//设置超时间隔为 20 分钟
%>
<p>超时间隔被更改为 20 分钟,到<a href = "session_info.jsp">session_info.jsp</a>查看</p>
</body>
</html>
```

具体运行情况如图 4-15 所示。

图 4-15

（3）立刻超时：可以通过调用 session 对象的 invalidate()方法使 session 对象立刻超时。一般来讲,Web 应用需要提供一个"安全退出"的超链接,当用户点击它的时候,程序调用一下 invalidate()方法,确保 session 对象及 session 对象上的属性被销毁(session_invalidate.jsp)。

```
<%@ page language = "java" contentType = "text/html;charset = GB2312" %>
<html>
<head><title>session 立刻超时</title></head>
<body>
<%
    String sessionId = new String(session.getId());//保存当前会话 ID
    session.invalidate();//销毁 session
%>
<p>ID 为<% = sessionId %>的会话已销毁,到<a href = "session_info.jsp">session_info.jsp</a>将看到新的会话 ID。</p>
</body>
</html>
```

具体运行情况如图 4-16 所示。

图 4-16

4.3.5 application

application 对象实现了 ServletContext 接口,它对应的是一个 Web 应用的范围。一个 Web 应用加载后,就会自动创建 application 对象,这个对象一直存在,直到 Web 应用停止。不同的客户端,不同的 HTTP 请求访问的都是同一个 application 对象。因此同一个 Web 应用的 Servlet、JSP 页面之间可以在 application 上设置属性和读取属性以达到共享数据的目的。一个服务器上,不同的 Web 应用的 application 对象是不同的。

application 对象的主要方法如表 4-5 所示。

表 4-5 JSP 内部对象的类型

方法	描述
getAttribute(String name)	获得指定名字为 name 的 application 对象上绑定的属性的值
setAttribute(String n,Object o)	在 application 对象上绑定属性,给出属性的名字和属性的值
getAttributeNames()	获得 application 对象上绑定的所有属性的名字,返回类型为枚举
removeAttribute(String name)	删除 application 对象上指定名字的属性
getInitParameter(String name)	获得指定名字的 Web 应用的初始化参数,参数是在 web.xml 中给出的
getRealPath(String path)	根据虚拟路径得到物理路径,一般上传文件时需要得到物理路径才能把文件保存到服务器文件系统上

1. application 范围内共享属性(application1.jsp application2.jsp)

application1.jsp 在 application 对象上设置两个属性。

```
<%@ page language="java" contentType="text/html;charset=GB2312"%>
<html>
<head><title>在 application 对象上设置属性</title></head>
<body>
<%
    application.setAttribute("siteName","hxci.cn");
    application.setAttribute("siteTitle","学籍管理系统");
%>
<p>application 对象上属性已经设置。</p>
</body>
</html>
```

具体运行情况如图 4-17 所示。

图 4-17

application2.jsp 使用 application 对象的 getAttribute()方法或表达式语言 EL 读取属性。

```
<%@ page language="java" contentType="text/html;charset=GB2312" %>
<html>
<head><title>读取application对象上的属性</title></head>
<body>
<%
    String siteName = (String)application.getAttribute("siteName");
    out.println("<p>" + siteName + "</p>");
%>
<p>${siteTitle}</p>
</body>
</html>
```

即使使用不同浏览器打开,也能读取application对象上设置的属性,如图4-18所示。

图 4-18

2. Web应用的初始化参数(application_init.jsp)

在web.xml中可以配置Web应用的初始化参数,在JSP页面中可以使用application对象的getInitParameter()方法读取初始化参数的值。

在web.xml中配置两个初始化参数"site"和"copyright"。

```
<context-param>
    <param-name>site</param-name>
    <param-value>http://www.hxci.cn</param-value>
</context-param>
<context-param>
    <param-name>copyright</param-name>
    <param-value>2010-2016</param-value>
</context-param>
```

在JSP页面中读取Web应用的初始化参数的值。

```
<%@ page language="java" contentType="text/html;charset=GB2312" %>
<html>
<head><title>读取Web应用的初始化参数</title></head>
<body>
<%
    String site = application.getInitParameter("site");
    String copyright = application.getInitParameter("copyright");
    out.println("<p>" + site + " &copy;" + copyright + "</p>");
%>
```

第4章　JSP内部对象

```
</body>
</html>
```
具体运行情况如图 4-19 所示。

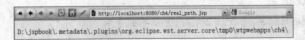

图 4-19

3. 物理路径(real_path.jsp)

application 对象的 getRealPath() 方法可以根据虚拟路径得到物理路径，一般上传文件时需要得到物理路径才能把文件保存到服务器文件系统上。

```
<%@ page language="java" contentType="text/html;charset=GB2312" %>
<html>
<head><title>物理路径</title></head>
<body>
<%
    String realPath = application.getRealPath("/");//根的物理路径
    out.println("<p>" + realPath + "</p>");
%>
</body>
</html>
```

如图 4-20 显示的路径是 Eclipse 中启动 Tomcat 的结果，可见 Eclipse 将 Web 应用复制到了如下文件夹并启动。

图 4-20

4.3.6 config

config 对象实现了 ServletConfig 接口，表示一个 Servlet 的配置，配置信息是在 web.xml 中给出的。当一个 Web 应用加载时，容器把配置信息通过 config 对象传递给 Servlet。config 对象的主要方法如表 4-6 所示。

表 4-6　JSP 内部对象的类型

方法	描述
getInitParameter(String name)	获得指定名称的初始化参数的值
getInitParameterNames()	获得所有初始化参数的名称，返回一个枚举对象
getServletContext()	获得对应的 Servlet 上下文对象 ServletContext，即 application 对象

JSP 文件的初始化参数(jsp_init.jsp)：

(1) 新建一个 JSP 文件,其中含有读取初始化参数的代码。

```
<%@ page language="java" contentType="text/html;charset=GB2312" %>
<html>
<head><title>JSP 的初始化参数</title></head>
<body>
<%
    String param1 = config.getInitParameter("param1");
    String param2 = config.getInitParameter("param2");
    out.println("<p>param1 = " + param1 + " param2 = " + param2 + "</p>");
%>
</body>
</html>
```

(2) 在 web.xml 中把 JSP 文件配置成一个 Servlet,并传递初始化参数。注意需要按照 <url-pattern> 给出的 URL 访问 Servlet,如果 <url-pattern> 和 JSP 文件名相同,用户将无法直接访问 JSP 文件。

```
<servlet>
    <servlet-name>jsp_init</servlet-name>
    <jsp-file>/jsp_init.jsp</jsp-file>
    <init-param>
        <param-name>param1</param-name>
        <param-value>value1</param-value>
    </init-param>
    <init-param>
        <param-name>param2</param-name>
        <param-value>value2</param-value>
    </init-param>
</servlet>
<servlet-mapping>
    <servlet-name>jsp_init</servlet-name>
    <url-pattern>/jsp_init.jsp</url-pattern>
</servlet-mapping>
```

具体运行情况如图 4-21 所示。

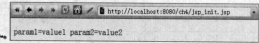

图 4-21

4.3.7 page

page 对象是 java.lang.Object 类的一个实例。它指的是 JSP 实现类的实例,也就是说,它是JSP本身,只有在JSP页面的范围内才是合法的。

4.3.8 pageContext

pageContext对象是JSP页面的上下文对象,通过它可以获得request对象、response对象、session对象、application对象、config对象、page对象、exception对象,可以设置、读取和删除pageContext、request、session、application上绑定的属性。pageContext对象的主要方法如表4-7所示。

表4-7 JSP内部对象的类型

方法	描述
getRequest()	获得request对象
getResponse()	获得response对象
getSession()	获得session对象
getServletContext()	获得application对象
getServletConfig()	获得config对象
getPage()	获得page对象
getAttribute(String name)	获得pageContext上指定名称的属性的值
getAttribute(String n,int s)	获得特定范围上的指定名称的属性的值
setAttribute(String n,Object o)	在pageContext上绑定一个属性
setAttribute(String n,Object o,int s)	在指定范围上设置一个属性
removeAttribute(String name)	删除pageContext对象的一个属性
removeAttribute(String n,int s)	删除特定范围上的指定名称的属性

page范围内共享属性(page_attribute.jsp):
pageContext上设置的属性仅在当前页面有效。

```
<%@ page language="java" contentType="text/html;charset=GB2312"%>
<html>
<head><title>页面范围内共享属性</title></head>
<body>
<%
    pageContext.setAttribute("page_attribute1","page_value1");
    pageContext.setAttribute("page_attribute2","page_value2");
%>
<%
    String attr1 = (String)pageContext.getAttribute("page_attribute1");
    out.println("<p>" + attr1 + "</p>");
```

```
%>
<p>${page_attribute2}</p>
</body>
</html>
```
具体运行情况如图 4-22 所示。

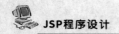

图 4-22

4.3.9 exception

exception 对象是 java.lang.Throwable 类的一个实例。它指的是运行时的异常，也就是指 JSP 页面运行过程中抛出的异常。只有在错误处理页面（在 page 指令中有 isErrorPage=true 的页面）中才可以使用。

exception 对象的例子（error_occur.jsp error.jsp）：

error_occur.jsp 是可能发生异常的 JSP 页面，根据请求参数 num 的不同取值，会发生不同的异常。通过设置 page 指令的属性 errorPage="error.jsp"，使得一旦发生异常就转到错误处理页面 error.jsp。

```
<%@ page language="java" contentType="text/html;charset=GB2312"
    errorPage="error.jsp" %>
<html>
<head><title>可能发生错误的页面</title></head>
<body>
<%
        String num = request.getParameter("num");
        if(num == null){
            num = "1";
        }

        //转化为整数,有可能抛出 NumberFormatException
        int n;
        n = Integer.parseInt(num);

        //n 作为数组下标,可能抛出 ArrayIndexOutOfBoundsException
        int[] a = new int[10];
        a[n] = 500;

        //n 作为除数,如果为 0,会抛出 ArithmeticException
```

```
        int m;
        m = 100/n;
%>
<p>n=<%=n%> m=<%=m%></p>
</body>
</html>
```

error.jsp 通过设置 page 指令的 isErrorPage="true"，说明它是一个错误处理页面。在错误处理页面中，exception 对象可用。我们这里通过 instanceof 操作符进一步判断是什么异常子类，并给出错误信息。

```
<%@ page language="java" contentType="text/html;charset=GB2312"
    isErrorPage="true"%>
<html>
<head><title>错误处理页面</title></head>
<body>
<%
    out.println("<p>" + exception.toString() + "</p>");
    if(exception instanceof NumberFormatException){
        out.println("<p>" + "参数 num 转换成整数失败!" + "</p>");
    }else if(exception instanceof ArrayIndexOutOfBoundsException){
        out.println("<p>" + "参数 num 作为数组下标，范围是[0,9]!" + "</p>");
    }else if(exception instanceof ArithmeticException){
        out.println("<p>" + "参数 num 作为除数，不能为 0!" + "</p>");
    }
%>
</body>
</html>
```

具体运行情况如图 4-23 所示。

图 4-23

4.4 JSP 实例

本节介绍几个 JSP 开发典型的例子,用户登录、购物小车。代码力求精简,以便让读者更容易读到关键内容。

4.4.1 用户登录

用户登录失败后使用 response 对象的 sendRedirect()方法重新定向到 input.jsp。用户登录成功后在 session 对象上绑定属性标识登录后的用户。

1. 用户登录页面(input.jsp)

```
<%@ page language = "java"contentType = "text/html;charset = GB2312"%>
<html>
<head><title>用户登录</title></head>
<body>
<form action = "login.jsp"method = "post">
<p>用户名:<input name = "userName"type = "text"/></p>
<p>密   码:<input name = "password"type = "password"/></p>
<input type = "submit"name = "submit"value = "登录"/></p>
</form>
</body>
</html>
```

具体运行情况如图 4-24 所示。

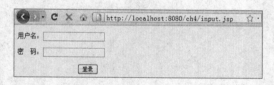

图 4-24

2. 处理登录的页面(login.jsp)

```
<%@ page language = "java"contentType = "text/html;charset = GB2312"%>
<html>
<head><title>处理登录表单</title></head>
<body>
<%
    String userName = request.getParameter("userName");
    if(userName == null){
        userName = "";                          //空串
    }else{
        userName = userName.trim();             //去掉两端空格
    }
```

第4章 JSP内部对象

```
        String password = request.getParameter("password");
        if(password == null){
            password = "";                              //空串
        }else{
            password = password.trim();                 //去掉两端空格
        }
        //假定可登录用户只有一个,用户名和密码都是admin
        if(userName.equals("admin") && password.equals("admin")){
            //登录成功,在session上绑定属性,以识别用户
            session.setAttribute("userName",userName);
            out.println("<p>登录成功!</p>");
            out.println("<p>进入欢迎页面<a href = \"welcome.jsp\">welcome.jsp</a></p>");
        }else{
            //登录失败,重定向到输入页面
            response.sendRedirect("input.jsp");
        }
%>
</body>
</html>
```
具体运行情况如图4-25所示。

图4-25

3. 欢迎页面(welcome.jsp)

```
<%@ page language = "java" contentType = "text/html;charset = GB2312" %>
<html>
<head><title>欢迎页面</title></head>
<body>
<h2>欢迎${userName}访问本网站!</h2>
</body>
</html>
```
具体运行情况如图4-26所示。

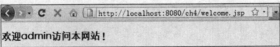

图4-26

4.4.2 最简单的购物车

session 对象可以在一个用户的多次请求过程中共享数据,因此可以把购物小车绑定到 session 对象上。本例中商品就是图书,而且书名都为英文。

1. 图书列表页面(book.jsp)

book.jsp 是图书列表页面,图书存储在一个字符串数组中,利用 for 循环输出表格中的数据行。

```jsp
<%@ page language="java" contentType="text/html;charset=GB2312" %>
<html>
<head><title>图书列表</title></head>
<body>
<%
    String[] books = {"JAVA框架开发","Java程序设计","面向对象程序设计(C++)","C语言程序设计","PHP程序设计","ASP.NET程序设计"};
%>
<h2 align="center">图书列表</h2>
<table width="450" align="center" border="0" cellspacing="1">
<tr>
    <th width="270">图书</th>
    <th width="180">操作</th>
</tr>
<%
    for(int i=0;i<books.length;i++){
%>
    <tr valign="middle">
        <td><%=books[i]%></td>
        <td><a href="cart.jsp?action=add&book=<%=books[i]%>">添加到购物</a></td>
    </tr>
<%
    }
%>
</table>
<p align="center"><a href="cart.jsp">显示购物车</a></p>
</body>
</html>
```

具体运行情况如图 4-27 所示。

图 4-27

2. 购物车页面(cart.jsp)

cart.jsp是购物车页面,能够处理增加图书(add)、删除图书(delete)、清空购物车(clear)三种操作,和显示购物车中的图书。为了简化代码,每本书只能购买一册。cart.jsp接受两个参数,其中"op"表示操作,可以是add、delete和clear,"book"给出书名。

```jsp
<%@ page contentType="text/html;charset=GB2312" import="java.util.*" %>
<html>
<head><title>购物小车</title></head>
<body>
<%
    String action = request.getParameter("action");
    String book = request.getParameter("book");
    if(action == null) action = "";
    if(book == null) book = "";
    List<String> cart = (List<String>)session.getAttribute("cart");
    //第一次增加商品时,创建购物车
    if(cart == null){
      cart = new ArrayList<String>();
      session.setAttribute("cart",cart);
    }
    //如果操作是清空购物车
    if(action.equals("clear")){
        cart.clear();
    }else{
        //在图书列表中查找book
        boolean found = false;
        int index;
        for(index = 0;index<cart.size();index++){
          String current = (String)cart.get(index);
          if(book.equals(current)){
            found = true;
```

```jsp
                    break;
                }
            }
            if(action.equals("add")){
                //处理增加到购物车操作,显示每本书一册
                if(!found){
                    cart.add(book);
                }
            }else if(action.equals("delete")){
                //处理删除操作
                if(found){
                    cart.remove(index);
                }
            }
        }
%>
<h2 align="center">购物车</h2>
<table width="450" align="center" border="0" cellspacing="1">
<tr>
    <th width="270">图书</th>
    <th width="180">操作</th>
</tr>
<%
    for(int i=0;i<cart.size();i++){
      String item=(String)cart.get(i);
    %>
    <tr>
        <td><%=item%></td>
        <td><a href="cart.jsp?action=delete&book=<%=item%>">删除</a></td>
    </tr>
    <%
    }
%>
</table>
<p align="center"><a href="cart.jsp?action=clear">清空购物车</a>|
    <a href="book.jsp">继续购物</a></p>
</body>
</html>
```

具体运行情况如图 4-28 所示。

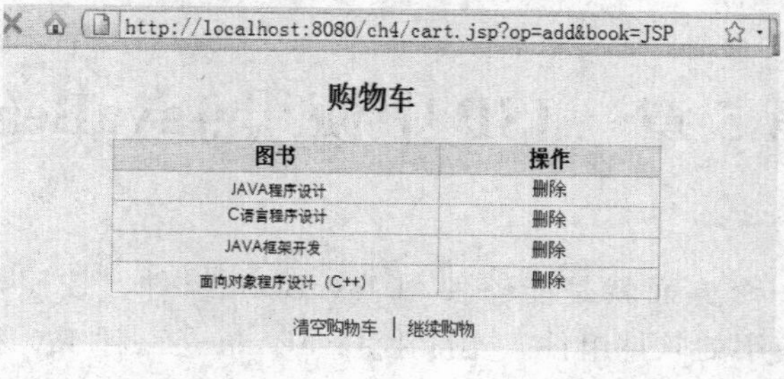

图 4-28

4.5 本章小结

　　HTTP 协议是基于文本的请求/响应协议，是无状态的协议。客户端使用 GET 方法传递参数时，在 URL 的后面跟上英文问号，问号的后面以"参数名称＝参数值"的形式给出多组参数，每组之间用符号"&"分隔，称之为查询串（query string）。客户端使用 POST 方法传递参数是通过 HTTP 请求头部传递的，可以传输大量数据。如果需要跟踪用户，可以使用 Cookie，它允许服务器将 Cookie 发送给浏览器，浏览器将 Cookie 存储在文件系统上，并在后续的 HTTP 请求中传回服务器。

　　request 对象封装了客户端的 HTTP 请求，读取单值参数使用 getParameter() 方法，读取多值参数使用 getParameterValues() 方法。读取中文参数需要使用 setCharacterEncoding() 方法设置字符集。getHeader() 方法用来获得 HTTP 请求头。请求头"User-Agent"包含了浏览器的信息。请求头"referer"告诉服务器是从哪个页面链接过来的。

　　response 对象封装了对客户端的 HTTP 响应。out 对象用于向客户端输出文本数据。可以使用 response 对象的 addCookie() 方法向浏览器发送 Cookie，使用 sendRedirect() 方法使浏览器重定向另外的 URL。当浏览器不支持或者禁用 Cookie 的时候，可以使用 encodeURL() 方法把 sessionId 编码到 URL 中，称之为 URL 重写。

　　session 对象底层使用 Cookie 或者 URL 重写实现，对应一个用户在一段时间内的多次请求的时间范围。session 对象上绑定的属性在一个用户的多次访问中共享。用户登录成功后，在 session 对象上绑定属性标识这个用户。购物小车可以绑定在 session 对象上。

　　application 对象对应 Web 应用启动直到停止的时间范围，在 application 对象上绑定的属性为所有客户端所共享。getInitParameter() 方法读取在 web.xml 中配置的 Web 应用的初始化参数，getRealPath() 方法可以获得 Web 应用的物理路径。

　　config 对象可以用于读取 Servlet 的初始化参数。page 对象代表当前页面。pageContext 是页面上下文对象，其他 JSP 内部对象可以从它得到。

　　exception 对象表示 JSP 运行时抛出的异常，只能在 isErrorPage＝"true"的页面中使用。可以使用操作符 instanceof 进一步判断是什么异常。

　　JSP 内部对象可以绑定属性的有四个：pageContext、request、session、application，它们的时间范围依次增大，一个页面、一次请求、一个用户会话和一个 Web 应用。

第 5 章 JSP 中使用 JavaBean

JSP 最强有力的一个方面就是能够使用 JavaBean 组件。按照 Sun 公司的定义,JavaBean 是一个可重复使用的软件组件。实际上 JavaBean 是一种 Java 类,通过封装属性和方法成为具有某种功能或者处理某些业务的对象,简称 Bean。

我们已经知道,一个基本的 JSP 页面由静态的 HTML 标签和 Java 脚本组成,如果 Java 脚本和 HTML 标签大量掺杂在一起,就显得页面混杂,不易维护。JSP 页面应当将数据的处理过程指派给一个或者几个 Bean 来完成,而在 JSP 页面中调用 JavaBean。不提倡大量的数据处理都用 Java 脚本来完成。JSP 页面中调用 JavaBean,可有效地分离静态工作部分和动态工作部分,实现业务逻辑和表现形式的分离。JavaBean 负责业务逻辑的处理,JSP 负责页面的展示,如图 5-1 所示。

图 5-1

5.1 JavaBean 介绍

JavaBean 体系结构是一个全面基于组件的标准模型之一。JavaBean 是描述 Java 的软件组件模型,有点类似于 Microsoft 的 COM 组件概念。JavaBean 组件是 Java 类,这些类遵循特定的接口格式,以便于容器使用方法命名、底层行为来按照标准的方式来构造和访问 JavaBean 对象。

5.1.1 JavaBean 简介

1. JavaBean 的特点
- 可以实现代码的重复利用。
- 易编写、易维护、易使用。
- 可以在任何支持 Java 的平台上工作,而不需要重新编译。
- 可以通过网络传输。
- 可以与其他 Java 类同时使用。

2. JavaBean 的应用范围

JavaBean 传统的应用在于可视化领域,如 AWT(抽象窗口工具集)和 Swing 下的应用。现在,JavaBean 更多的应用在于非可视化领域,它在服务器端应用方面表现出了越来越强的生命力。非可视化的 JavaBean 和可视化的 JavaBean 同样使用属性和事件。非可视化的

JavaBean在JSP程序中常用来封装业务逻辑、数据库操作等，可以很好地实现业务逻辑和前台页面的分离，使得系统具有更好的健壮性和灵活性。

注意：JavaBean和EJB(Enterprise JavaBean)的概念是完全不同的。

5.1.2 编写JavaBean遵循的原则

编写JavaBean就是编写一个Java的类，所以只要学会写类就能编写一个JavaBean，这个类创建的一个对象称之为JavaBean。为了让使用JavaBean的应用程序构建工具（比如JSP引擎）知道这个Bean的属性和方法，JavaBean的类需要遵守以下规则。

➢ 必须具备一个零参数的构造方法，显式地定义这样一个构造方法或者省略所有的构造方法都能满足这项要求。

➢ 成员变量也称为属性，JavaBean不应该有公开的成员变量，使用存取方法读取和修改属性，而不允许对字段直接访问。属性的名字建议以小写英文字母开头。

➢ 属性的值通过getXxx()和setXxx()方法来访问。如果类有String类型的属性title，读取title的方法是返回String的getTitle()，修改title的方法是setTitle(String title)。

➢ 布尔型的属性的读取方法可以使用getXxx()，也可以使用isXxx()。

➢ JavaBean需要声明在包里面，package保留字给类起一个包名。

具有两个属性的JavaBean(User.java)：

```
package cn.oakcms;
public class User {
    private String userName;    //用户名
    private String password;    //密码
    public User(){
    }
    public String getUserName() {
        return userName;
    }
    public void setUserName(String userName) {
        this.userName = userName;
    }
    public String getPassword() {
        return password;
    }
    public void setPassword(String password) {
        this.password = password;
    }
}
```

诀窍：Eclipse可以帮助我们生成getter和setter方法，Eclipse→Source→Generate Getters and Setters，如图5-2所示。

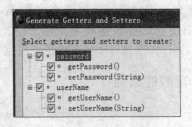

图 5-2

5.1.3 JavaBean 的属性

属性是 JavaBean 组件内部状态的抽象表示，JavaBean 的属性可以分为以下 4 类：
➢ Simple(简单属性)；
➢ Indexed(索引属性)；
➢ Bound(绑定属性)；
➢ Constrained(约束属性)。

可以在 JSP 页面中使用的属性是简单属性和索引属性，而绑定属性和约束属性是在图形界面开发时才会用到，我们只介绍简单属性和索引属性。

1. 简单属性

```
public class SimpleAttrBean{
    private String attr ;                    //JavaBean 的属性
    public SimpleAttrBean(){ }               //零参数的构造方法
    public String getAttr(){                 //读取属性的方法
        return attr;
    }
    public void setAttr(String attr){        //设置属性的方法
        this.attr = attr;
    }
}
```

2. 索引属性

索引属性是一个数组值，读取和写入属性也是使用 getter 方法和 setter 方法。

```
public class IndexedAttrBean{
    private int[] dataSet = {1,2,3,4,5};     //索引属性
    public IndexAttrBean(){}                 //零参数构造方法
    public int[] getDataSet(){               //返回整个数组
        return dataSet;
    }
    public int getDataSet(int index){        //返回数组中的一个元素
        return dataSet[index];
    }
```

第5章 JSP中使用JavaBean

```
    public void setDataSet(int[] x){          //设置整个数组
        dataSet = x;
    }
    public void setDataSet(int index,int x){  //设置数组中的一个值
        dataSet[index] = x;
    }
}
```

5.2 <jsp:useBean>

JSP 页面中可以在<jsp:useBean>动作元素 JSP 页面中使用 JavaBean 对象,这样就可以将大部分业务处理逻辑封装在 JavaBean。本节介绍<jsp:useBean>的基本语法、JavaBean 的条件化操作、JavaBean 的存放位置和 JavaBean 的作用范围。

5.2.1 <jsp:useBean>基本语法

<jsp:useBean>动作元素用来在 JSP 页面中获取或者创建一个 JavaBean 对象,并指定它的名字和作用范围。JSP 容器确保 JavaBean 对象在指定的范围内可以使用。<jsp:useBean>的语法格式如下:

<jsp:useBean id = "beanName" class = "package.BeanClassName"
   scope = "page|request|session|application"/>

或者:

<jsp:useBean id = "beanName" class = "package.BeanClassName"
   scope = "page|request|session|application">
</jsp:useBean>

或者:

<jsp:useBean id = "beanName" class = "package.BeanClassName"
   scope = "page|request|session|application">
<jsp:setProperty name = "propertyName"
    value = "propertyValue"/>   //仅当 JavaBean 实例化时才执行
……
</jsp:useBean>

当服务器上某个含有<jsp:useBean>动作元素的 JSP 页面被加载执行时,JSP 引擎首先根据 ID 给出的 JavaBean 的名字(beanName),在 scope 范围对应的 JSP 内部对象上查找是否有这个名字的属性(Attribute)。如果在指定范围内找到了与 beanName 同名的属性,JSP 引擎返回属性对应的对象的引用。如果没有在指定的范围内找到与 beanName 同名的属性,JSP 引擎根据 class 属性给出的包名和类名,创建一个该类的对象,并将该对象作为属性名为 beanName 的一个属性的值,绑定到 scope 范围对应的 JSP 内部对象上。由于 pageContext 对象可以操作各个范围的属性,实际上 JavaBean 的查找和绑定都是通过 pageContext 对象来完成的。如果没有指定 JavaBean 的范围,默认范围是 page。

• 77 •

<jsp:useBean>的含义可以用下面的代码来理解：
```
Object beanName = pageContext.getAttribute("beanName",SCOPE);
if(beanName == null){
    Object bean = new package.BeanClassName();
    pageContext.setAttribute("beanName",bean,SCOPE);
}
```

在 PageContext 类的定义中，SCOPE 的取值有：PAGE_SCOPE、REQUEST_SCOPE、SESSION_SCOPE 和 APPLICATION_SCOPE，对应的 JSP 内部对象分别是 pageContext、request、session 和 application。

例如，将 User.java 中定义的类 cn.hxci.User 声明为名字为 user，范围是 request 的 JavaBean。

<jsp:useBean id="user"class="cn.hxci.User"scope="request"/>

或者：

<jsp:useBean id="user"class="cn.hxci.User"scope="request"></jsp:useBean>

5.2.2 JavaBean 的条件化操作

使用<jsp:useBean>在 JSP 页面中使用 JavaBean 对象时，bean 对象不一定是新创建的，<jsp:useBean>和</jsp:useBean>之间的语句也不一定执行。

1. bean 的条件化创建

➢ 仅当找不到相同 id 和 scope 的 bean 时，<jsp:useBean>才会引发 bean 新实例的创建。
➢ 如果找到相同 id 和 scope 的 bean，则仅仅是将已经存在的 bean 赋值给由 id 指定的变量。

HelloBean.java 中指定了一个 JavaBean 的类 cn.hxci.HelloBean，它只有一个属性 message，bean 提供了 getMessage()和 setMessage()方法来访问属性 message。

```
package cn.hxci;
public class HelloBean {
    private String message;
    public String getMessage() {
        return message;
    }
    public void setMessage(String message) {
        this.message = message;
    }
}
```

request_bean1.jsp 中使用<jsp:useBean>动作元素创建了一个 HelloBean 类的 JavaBean 对象，范围为 request，bean 的名字为"hello"。页面的小脚本中的调用 hello.setMessage()方法将 message 属性的值设置为字符串"Hello JavaBean!"。页面又使用<jsp:include>动作元素包含了另外一个 JSP 页面 request_bean2.jsp。这两个 JSP 页面对应的是同一个 request 对象，可以共享范围是 request 的 JavaBean 对象。

```jsp
<%@ page language="java" contentType="text/html;charset=GB2312"%>
<html>
<head><title>Bean 的条件化创建</title></head>
<body>
<jsp:useBean id="hello" class="cn.hxci.HelloBean" scope="request"/>
<%
    //可以在脚本中直接使用 JavaBean 对象
    hello.setMessage("Hello JavaBean!");
%>
<jsp:include page="request_bean2.jsp"/>
</body>
</html>
```

在被包含的 JSP 页面 request_bean2.jsp 中,也有一个<jsp:useBean>动作元素,id 为"hello",class 为"cn.hxci.HelloBean",scope 为"request",但这并不会导致重新实例化一个 JavaBean 对象,因为 request 范围内已经有了一个名字为"hello"的 JavaBean,这里仅仅是引用那个 JavaBean 对象而已。页面中调用 hello.getMessage()将得到在第一个页面中设置的属性的值,即"Hello JavaBean!",如图 5-3 所示。试想,如果在第二个页面中是重新实例化的 JavaBean 对象,那么 getMessage()的输出将是空值 null。

```jsp
<%@ page language="java" contentType="text/html;charset=GB2312"%>
<jsp:useBean id="hello" class="cn.hxci.HelloBean" scope="request"/>
<%
    String message = hello.getMessage();
%>
<p><%=message%></p>
```

图 5-3

2. bean 属性的条件化设置

➢ <jsp:useBean .../>替换为<jsp:useBean ...>语句</jsp:useBean>。
➢ 这些语句仅当创建新的 bean 时才执行,如果找到已有的 bean,则不会执行。

request_bean3.jsp 中使用<jsp:useBean>动作元素创建了一个 HelloBean 类的 JavaBean 对象,范围为 request,bean 的名字为"hello",属性 message 的值设置为字符串"好消息!"。页面又使用<jsp:include>动作元素包含了另外一个 JSP 页面 request_bean4.jsp。

```jsp
<%@ page language="java" contentType="text/html;charset=GB2312"%>
<html>
<head><title>Bean 属性的条件化设置</title></head>
<body>
<jsp:useBean id="hello" class="cn.hxci.HelloBean" scope="request">
```

```
        <%
            hello.setMessage("你好,未来的软件设计师!");
        %>
</jsp:useBean>
<jsp:include page="request_bean4.jsp"/>
</body>
</html>
```

在被包含的JSP页面request_bean4.jsp中,也有一个<jsp:useBean>动作元素,id为"hello",class为"cn.hxci.HelloBean",scope为"request"。在<jsp:useBean>和</jsp:useBean>之间,使用hello.setMessage()重新设置属性的值为"你好,未来的软件设计师!"。这行语句会执行吗?输出是"你好,未来的软件设计师!",如图5-4所示。还是"你好!"呢?

```
<%@ page language="java" contentType="text/html;charset=GB18030"%>
<jsp:useBean id="hello" class="cn.hxci.HelloBean" scope="request">
        <%
            hello.setMessage("你好!");
        %>
</jsp:useBean>
<p><%=hello.getMessage()%></p>
```

图 5-4

5.2.3 JavaBean 存放的位置

为了在JSP页面中使用JavaBean,应用服务器需要使用字节码文件(扩展名为.class)来创建Java对象,这就要求应用服务器能找到字节码,字节码文件需要位于特定的目录中。

1. 零散存放

Java的每个类都对应的一个.class文件,零散存放是指将这些.class文件存放在Web应用的/WEB-INF/classes目录下的包名对应的子目录中。例如,在JSP页面中有:

`<jsp:useBean id="hello" class="cn.hxci.HelloBean"/>`

这个bean的名字是hello,类是cn.hxci.HelloBean,生成的字节码文件是HelloBean.class,它存放的位置是:

/WEB-INF/classes/cn/hxci/HelloBean.class

2. 打包存放

Java允许将多个.class文件打包成一个扩展名为.jar的压缩文件,实际上采用的压缩格式就是ZIP格式。多个JavaBean可以打包成一个.jar文件,然后将打包后的.jar文件存放在Web应用的/WEB-INF/lib目录下。

第5章　JSP中使用JavaBean

Eclipse提供了将.class文件打包的工具：Eclipse→File→Export→Java→JAR File，导出时要选择要导出哪些package并给出生成的jar文件的文件名。在压缩文件内部，扩展名为.class的文件存放在包名对应的子目录中。

例如将cn.hxci.HelloBean的字节码文件HelloBean.class打包在hello.jar压缩文件中，那么hello.jar压缩文件内部的目录结构是cn/hxci/HelloBean.class，hello.jar存放的位置是Web应用的/WEB-INF/lib目录。

5.2.4　JavaBean的作用范围

JSP中使用JavaBean实际上是将JavaBean对象作为一个属性（Attribute）分别绑定到了pageContext对象、request对象、session对象或者application对象。scope对应的取值分别为page、request、session和application，JavaBean的作用范围分别对应一个页面、一次请求、一个用户会话和一个Web应用。

1. page范围

➢ 指定为page范围的JavaBean仅在声明的JSP页面内有效。

➢ page范围的JavaBean实际上是绑定在pageContext对象上的一个属性，可以通过pageContext.getAttriubte("beanName")来得到这个JavaBean对象。

➢ 如果没有指定JavaBean的范围，默认范围是page。

2. request范围

➢ 指定为request范围的JavaBean在客户端的一次请求期间有效。

➢ request范围的JavaBean实际上是绑定在request对象上的一个属性，可以通过request.getAttriubte("beanName")来得到这个JavaBean对象。

➢ request范围的JavaBean可以在客户端的一次请求期间共享和传递数据。

➢ 一次请求会经过多个处理环节的情况有：

■ 当使用<jsp:include>、<jsp:forward>的时候，包含或者转向的页面与当前页面对应一个request对象。

■ 当使用RequestDispatcher分发请求时，请求会转发到其他页面。

■ 当使用过滤器Filter时，请求对象request会被过滤器截获。

3. session范围

➢ 指定为session范围的JavaBean在用户的一个会话期间有效。一个会话对应一段时间内客户端的多次HTTP请求。

➢ session范围的JavaBean实际上是绑定在session对象上的一个属性，可以通过session.getAttriubte("beanName")来得到这个JavaBean对象。

➢ session范围的JavaBean可以在同一个客户端的多次请求期间共享和传递数据。

➢ session范围的JavaBean一般用于：

■ 用户登录后，在session上绑定JavaBean来保存用户信息。

■ session上绑定存储商品列表的JavaBean来实现购物车。

4. application范围

➢ 指定为application范围的JavaBean在Web应用停止之前一直有效。

➢ application范围的JavaBean实际上是绑定在application对象上的一个属性，可以通过 application.getAttriubte("beanName")来得到这个 JavaBean 对象。

➢application 范围的 JavaBean 可以在不同客户端的不同次请求期间共享和传递数据。

5.3 获取 JavaBean 的属性

在 JSP 页面中可以使用<jsp:getProperty>动作元素获取并输出 JavaBean 的属性，JSP2.0 中也允许使用表达式语言 EL 获取并输出 JavaBean 的属性。

5.3.1 <jsp:getProperty>

<jsp:getProperty>动作元素用来访问一个 JavaBean 的属性。访问的属性值将被转化成字符串，然后发送到输出流中。如果属性是一个对象，将调用该对象的 toString()方法。<jsp:getProperty>动作元素是通过调用 JavaBean 的 getter 方法获取属性的。

<jsp:getProperty name = "beanName" property = "propertyName"/>

或者：

<jsp:getProperty name = "beanName" property = "propertyName"></jsp:getProperty>

特别需要注意的是，<jsp:getProperty>使用 name 属性给出 JavaBean 的名字，而<jsp:useBean>使用 id 属性给出 JavaBean 的名字，实际上它们是一致的，都是指绑定在特定范围对象的一个属性(Attribute)的名字。

1. 读取属性(getproperty.jsp)

```
<%@ page language = "java" contentType = "text/html;charset = GB2312" %>
<html>
<head>
<title>获取并输出属性的值</title>
<jsp:useBean id = "hello" class = "cn.hxci.HelloBean"/>
<%
    hello.setMessage("Hello JavaBean Again!");
%>
</head>
<body>
<p><jsp:getProperty name = "hello" property = "message"/></p>
</body>
</html>
```

具体运行情况如图 5-5 所示。

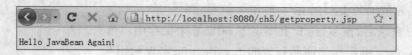

图 5-5

2. 深刻理解<jsp:getProperty>(getproperty2.jsp)

JSP 中使用<jsp:getProperty>读取 JavaBean 的属性时，实际是通过调用 getter 方法

完成的，而不管 JavaBean 中是否真的有与属性名称对应的成员变量定义。在下面的例子中，JSP 中读取 message 属性时，实际上是调用 getMessage()方法，即使 message 属性不存在，也能通过调用 getMessage()方法得到一个字符串。

```
package cn.hxci;
public class HiBean {
    public String getMessage(){
        return"深刻理解 Javabean!";
    }
}
```

getproperty2.jsp 中实例化一个 HiBean 类的对象，并使用＜jsp:getProperty＞读取属性 message。而在 HiBean 类的定义中，是没有名字为 message 的成员变量的，但仍然能调用 getMessage()方法返回结果。

```
<%@ page language = "java"contentType = "text/html;charset = GB2312"%>
<html>
<head>
<title>深刻理解 jsp:getProperty</title>
<jsp:useBean id = "hibean"class = "cn.hxci.HiBean"/>
</head>
<body>
<p><jsp:getProperty name = "hibean"property = "message"/></p>
</body>
</html>
```

具体运行情况如图 5-6 所示。

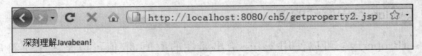

图 5-6

5.3.2 使用 EL 获取 JavaBean 属性

在 JSP2.0 中，可以使用表达式语言 EL 获取并输出 JavaBean 的属性，它与＜jsp:getProperty＞动作元素的功能相同，但语法更加简洁。EL 实际上也是调用 JavaBean 的 getter 方法。

　${beanName.propertyName}

或者：

　${beanName['propertyName']}　或　${beanName["propertyName"]}

EL 读取 bean 的属性(elproperty.jsp)：

```
<%@ page language = "java"contentType = "text/html;charset = GB2312"%>
<html>
```

```
<head>
<title>使用表达式语言 EL 读取 JavaBean 的属性</title>
<jsp:useBean id="hello" class="cn.hxci.HelloBean"/>
<%
    hello.setMessage("Hello JavaBean & Expression Language.");
%>
</head>
<body>
<p>${hello.message}</p>
<p>${hello['message']}</p>
</body>
</html>
```

具体运行情况如图 5-7 所示。

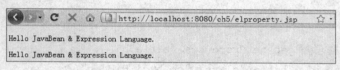

图 5-7

5.4 <jsp:setProperty>

<jsp:setProperty>动作元素用来设置 JavaBean 的简单属性和索引属性。<jsp:setProperty>使用 JavaBean 的 setter 方法设置一个或多个属性的值。

5.4.1 value 给出属性的值

<jsp:setProperty>可以使用 value 给出属性的取值,取值可以是一个字符串,也可以是一个 JSP 表达式(<%=%>)。

<jsp:setProperty name="beanName" property="propertyName" value="propertyValue"/>

value 给出属性值(setp1.jsp):

```
<%@ page language="java" contentType="text/html;charset=GB2312" %>
<html>
<head>
<title>value 给出属性的值</title>
<jsp:useBean id="hello" class="cn.hxci.HelloBean"/>
</head>
<body>
<jsp:setProperty name="hello" property="message" value="Hello JavaBean!"/>
<p>${hello.message}</p>
```

```
<jsp:setProperty name="hello" property="message"
         value="<%=(new java.util.Date()).toString()%>"/>
<p>${hello.message}</p>
</body>
</html>
```

具体运行情况如图 5-8 所示。

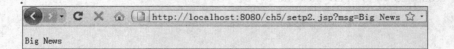

图 5-8

5.4.2　param 给出 HTTP 请求参数的名字

`<jsp:setProperty>` 可以使用 param 给出 HTTP 请求参数的名字，JSP 引擎将对应的 HTTP 请求参数的值赋值给 JavaBean 中的一个属性。

```
<jsp:setProperty name="beanName" property="propertyName"
          param="parameterName"/>
```

param 给出 HTTP 参数名(setp2.jsp)：

```
<%@ page language="java" contentType="text/html;charset=GB2312"%>
<html>
<head>
<title>param 给出 HTTP 请求参数的名字</title>
<jsp:useBean id="hello" class="cn.hxci.HelloBean"/>
</head>
<body>
<jsp:setProperty name="hello" property="message" param="msg"/>
<p>${hello.message}</p>
</body>
</html>
```

访问 setp2.jsp 时给出 msg 请求参数，即"setp2.jsp?msg=请求参数的值"，如图 5-9 所示。

图 5-9

5.4.3　自动匹配一个 HTTP 请求参数

JSP 引擎可以将一个 HTTP 请求参数与 JavaBean 的一个属性自动匹配，并将 HTTP 请求参数的值赋值给 JavaBean 的同名属性。示例如下：

`<jsp:setProperty name="beanName" property="propertyName"/>`

自动匹配一个 HTTP 请求参数(setp3.jsp)：
```jsp
<%@ page language="java" contentType="text/html;charset=GB2312" %>
<html>
<head>
<title>自动匹配一个 HTTP 请求参数</title>
<jsp:useBean id="hello" class="cn.hxci.HelloBean"/>
</head>
<body>
<jsp:setProperty name="hello" property="message"/>
<p>${hello.message}</p>
</body>
</html>
```

访问 setp3.jsp 时给出请求参数 message，即"setp3.jsp?message=请求参数的值"。这里请求参数 message 和 JavaBean 的属性 message 的名字相同，如图 5-10 所示。

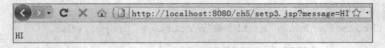

图 5-10

5.4.4 自动匹配全部 HTTP 请求参数

JSP 引擎可以将全部 HTTP 请求参数与 JavaBean 的属性自动进行匹配，并将 HTTP 请求参数的值赋值给 JavaBean 的同名属性。示例如下：

`<jsp:setProperty name="beanName" property="*"/>`

1. 学生类(Student.java)

```java
public class Student {
    private int s_no;       //学生的学号
    private int s_name;     //学生的名字
    public int getS_no() {
        return s_no;
    }
    public void setS_no (int s_no) {
        this.s_no = s_no;
    }
    public int get S_name () {
        return s_name;
    }
    public void set S_name (int s_name) {
        this.s_name = s_name;
    }
}
```

2. 自动匹配全部 HTTP 请求参数(setp4.jsp)

```jsp
<%@ page language="java"contentType="text/html;charset=GB2312"%>
<html>
<head>
<title>自动匹配全部 HTTP 请求参数</title>
<jsp:useBean id="stu"class="cn.hxci.Student"/>
</head>
<body>
<jsp:setProperty name="stu"property="*"/>
<p>学生的学号：${stu.s_no}</p>
<p>学生的名字：${stu.s_name}</p>
</body>
</html>
```

访问 setp4.jsp 时给出请求参数 s_no 和 s_name，<jsp:setProperty>自动将 s_no 的值赋值给 bean 的属性 s_no，将 s_name 的值赋值给 bean 的属性 s_name，如图 5-11 所示。

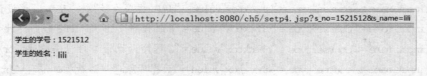

图 5-11

5.4.5 索引属性的 HTTP 请求参数自动匹配

<jsp:setProperty>不仅可以将 HTTP 请求参数简单属性自动匹配赋值，也能将 HTTP 的多值请求参数与索引属性自动匹配赋值。

1. 教师类(Teacher.java)

```java
package cn.hxci;
public classTeacher {
    private String[] course;//任教科目
    public String[] getCourse () {
        return course;
    }
    public void settCourse(String[]course) {
        this.course = course;
    }
}
```

2. 复选框自动匹配(interest.jsp)

interest.jsp 中声明了多个复选框，name 属性都为"course"，那么 course 请求参数是多值的。<jsp:setProperty>自动匹配请求参数的多值属性 course 和教师 JavaBean 的属性

course,并赋值。

```jsp
<%@ page language="java" contentType="text/html;charset=GB2312"%>
<html>
<head>
<title>索引属性的HTTP请求参数自动匹配</title>
<jsp:useBean id="customer" class="cn.hxci.Teacher"/>
<%
    request.setCharacterEncoding("GB2312");//为了正确读取中文字符
%>
<jsp:setProperty name="customer" property="*"/>
</head>
<body>
<p>请选择您的任教学科:</p>
<form action="course.jsp" method="post" style="padding-left:2em;">
    <input name="course" type="checkbox" value="JAVA 框架开发"/>JAVA 框架开发<br/>
    <input name="course" type="checkbox" value="JAVA 程序设计"/>JAVA 程序设计<br/>
    <input name="course" type="checkbox" value="PHP 程序设计"/>PHP 程序设计<br/>
    <input name="course" type="checkbox" value="C 程序设计"/>C 程序设计<br/>
    <input name="course" type="checkbox" value="数据库原理"/>数据库原理<br/>
    <input name="course" type="checkbox" value="电子电路技术"/>电子电路技术<br/>
    <input name="course" type="checkbox" value="软件测试技术"/>软件测试技术<br/>
    <input type="submit" name="submit" value="提交"
        style="margin-left:50px;margin-top:10px;"/>
</form>
<p>您选择的学科有:
<%
    String[] course = customer.getCourse();
    if(course! = null){
        for(int i = 0;i< course.length;i++){
            out.print(course[i] + "  ");
        }
    }
%>
</p>
</body>
</html>
```

具体运行情况如图 5-12 所示。

第5章 JSP中使用JavaBean

图 5-12

5.5 用户登录(JSP+JavaBean+SQLServer)

本例将连接数据库验证用户名和密码的代码封装在 JavaBean 中,在很大程度上减少了 JSP 文件中的 Java 代码量,实现了业务逻辑和表现形式的分离。系统由用户表 user、用户类 User 和 3 个 JSP 页面构成。

5.5.1 用户表 user

数据库采用 SQL Server 2008,数据库名为 shop,用户表名为 user,表中初始插入一条用户名和密码都是 admin 的记录,如表 5-1 所示。

表 5-1 user 表

字段名	数据类型	长度	可否为空	说明
id	int	4	否	索引关键字
userName	varchar	20	否	用户名
password	varchar	20	否	密码

5.5.2 用户类 User

用户类 User 的实例用来作为一个 JavaBean 接收请求参数 userName 和 password。User 类的 login()方法连接数据库,在用户表中查找 userName 和 password 对应的记录。

```
package cn.hxci;
import java.sql.*;
    public class User{
    private String userName;     //用户名
    private String password;     //密码
    public boolean login(){
        if(userName==null||password==null)   return false;
        Connection conn = null;  //数据库连接
```

```java
            Statement stmt = null;        //语句对象
            ResultSet rs = null;          //结果集
            try {
                // 1.加载驱动程序
                Class.forName("com.microsoft.jdbc.sqlserver.SQLServerDriver");
                // 2.给出连接字符串
                String url =
            "jdbc:microsoft:sqlserver://localhost:1433;DatabaseName = shop";
                conn = DriverManager.getConnection(url,"sa","sa1234");
                // 3.建立连接
                stmt = conn.createStatement();      // 4.创建语句对象
                // 5.给出select 语句
                String sql = "select * from user where user_name = '" + userName
                            + "' and password = '" + password + "'";
                System.out.println(sql);
                rs = stmt.executeQuery(sql);    // 6.执行查询,返回结果集
                // 7.如果查到用户名和密码对应的记录
                if (rs.next()) {
                    return true; //return 语句会等待 finally 语句块执行完才执行
                }
            } catch (Exception e) {
                e.printStackTrace();
            } finally {
                System.out.println("会在return 前执行。");
                //确保关闭结果集、语句对象和数据库连接
                try {rs.close();}catch(Exception ignore){}
                try {stmt.close();}catch(Exception ignore){}
                try {conn.close();}catch(Exception ignore){}
            }
            return false;
        }
        public String getUserName() {
            return userName;
        }
        public void setUserName(String userName) {
            this.userName = userName.trim();    //去掉两端空格
        }
        public String getPassword() {
            return password;
```

```
        }
        public void setPassword(String password) {
            this.password = password.trim();    //去掉两端空格
        }
}
```

User 类中将 SQL 语句输出到了控制台,还在 finally 语句块中加了一条输出语句,这是常用的程序调试方法,便于理解程序和发现错误,如图 5-13 所示。

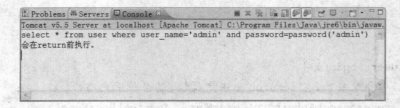

图 5-13

5.5.3 JSP 页面

JSP 页面有 3 个:input.jsp、login.jsp 和 welcome.jsp。input.jsp 是用户登录页面,login.jsp 用来处理用户登录,welcome.jsp 用户显示已登录用户信息。

1. 用户登录页面(input.jsp)

input.jsp 是用户登录的页面,里面声明了一个表单,action="login.jsp"指明用 login.jsp 处理这个表单,表单域有文本框 userName、密码框 password 和提交按钮 submit。

```
<%@ page language="java" contentType="text/html;charset=GB2312" %>
<html>
<head><title>用户登录</title></head>
<body>
<form action="login.jsp" method="post">
<p>用户名:<input name="userName" type="text"/></p>
<p>密  码:<input name="password" type="password"/></p>
<input type="submit" name="submit" value="登录"/>
</p>
</form>
</body>
</html>
```

2. 处理用户登录页面(login.jsp)

login.jsp 中利用<jsp:useBean>在页面中使用一个 JavaBean,bean 的 id 是 user,class 是 cn.oakcms.User。<jsp:setProperty>中 property="*"可以把 userName 和 password 两个请求参数的值分别赋值给 bean 中的属性 userName 和 password。bean 的 login()方法连接数据库,查询用户表中是否有 userName 和 password 给出的记录,如果找到,login()返回 true,否则返回 false。如果登录成功,则在 session 上绑定属性 userName,以识别用户。

登录失败重定向到用户登录页面 input.jsp。
```jsp
<%@ page language = "java" contentType = "text/html;charset = GB2312" %>
<html>
<head>
<title>处理登录表单</title>
<jsp:useBean id = "user" class = "cn.hxci.User"/>
<jsp:setProperty name = "user" property = " * "/>
</head>
<body>
<%
    if(user.login()){
        //登录成功,在session上绑定属性,以识别用户
        session.setAttribute("userName",user.getUserName());
        out.println("<p>登录成功!</p>");
        out.println("<p>进入欢迎页面<a href = \"welcome.jsp\">welcome.jsp</a></p>");
    }else{
        //登录失败,重定向到输入页面
        response.sendRedirect("input.jsp");
    }
%>
</body>
</html>
```

3. 欢迎页面(welcome.jsp)

welcome.jsp 用来显示已经登录的用户信息,本例中仅是使用 EL 读取了 session 对象上的属性 userName 并显示出来。
```jsp
<%@ page language = "java" contentType = "text/html;charset = GB2312" %>
<html>
<head><title>欢迎页面</title></head>
<body>
<h2>欢迎 ${userName} 来到本网站!</h2>
</body>
</html>
```

5.6 购物车(JSP+JavaBean+SQLServer)

本例的全部文件如图 5-14 所示,item.sql 是 SQL 脚本,用来生成数据库 shop 和商品表 item,并插入几条商品记录。需要注意的是,商品图片字段存储的图片的相对 URL,而图片文件位于/WebRoot/images 目录下。sqlJdbc4.jar 是 SQLServer 数据库的 JDBC 驱动,需

要放在/WEB-INF/lib 目录下。Item.java 中定义和商品表对应的类 Item，Database.java 中定义所有访问数据库的类的父类 Database，ItemDao.java 中定义用于访问数据库商品表的类 ItemDao，ItemDao 类是 Database 类的子类，Cart.java 中定义了购物车类 Cart。shopping.jsp 是商品列表页面，cart.jsp 是购物车页面。

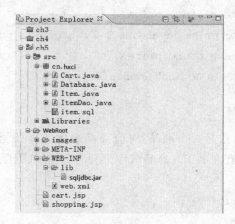

图 5-14　JavaBean 购物车系统的全部文件

5.6.1　商品表 item

数据库采用 SQL Server 2008，数据库名为 shop，商品表名为 item，商品表中插入 8 条商品记录用于测试。商品表的字段有商品 ID、商品名称、商品图片的 URL 和商品价格，其中商品 ID 是主键，如表 5-2 所示。

表 5-2　item 表

字段名	数据类型	长度	可否为空	说明
id	int	4	否	商品 ID，索引关键字
name	varchar	50	否	商品名称
picture	varchar	50	否	商品图片的 URL
price	float	10	否	商品价格

```
/*插入若干条商品记录,picture 位于 Web 应用的 images 目录下,这里是相对 URL*/
insert into item(name,picture,price)
        values('Head First Object-Oriented Analysis & Design','images/1.jpg',39.0);
insert into item(name,picture,price)
        values('Head Rush Ajax','images/2.jpg',36.0);
insert into item(name,picture,price)
        values('Head First HTML & XHTML with CSS','images/3.jpg',34.0);
insert into item(name,picture,price)
        values('Head First SQL','images/4.jpg',35.0);
```

```
insert into item(name,picture,price)
     values('Head First JavaScript','images/5.jpg',37.0);
insert into item(name,picture,price)
     values('Head First Software Development','images/6.jpg',36.0);
insert into item(name,picture,price)
     values('Enterprise JavaBeans 3.0','images/7.jpg',39.0);
insert into item(name,picture,price)
     values('EJB3 In Action','images/8.jpg',37.0);
```

5.6.2 商品类 Item

商品类 Item 的每个对象是一个商品,对应商品表中的一条记录,也对应购物小车中的一种商品。商品类的属性有商品 ID、商品名称、商品图片的 URL、商品价格和购买数量。

```java
package cn.hxci;
    public class Item {
    private long id;              //商品 ID
    private String name;          //商品名称
    private String picture;       //商品图片的 URL
    private float price;          //商品价格
    private int count;            //购买数量,用于购物车
    public long getId() {
        return id;
    }
    public void setId(long id) {
        this.id = id;
    }
    public String getName() {
        return name;
    }
    public void setName(String name) {
        this.name = name;
    }
    public String getPicture() {
        return picture;
    }
    public void setPicture(String picture) {
        this.picture = picture;
    }
    public float getPrice() {
```

```
            return price;
        }
        public void setPrice(float price) {
            this.price = price;
        }
        public int getCount() {
            return count;
        }
        public void setCount(int count) {
            this.count = count;
        }
}
```

5.6.3 数据库类 Database

数据库类 Database 是所有访问数据库的类的父类,connect()方法用来建立数据库连接和创建语句对象,close()方法用来关闭结果集、语句对象和数据库连接。

```
package cn.hxci;
import java.sql.*;
public class Database {
    protected Connection conn;              //数据库连接
    protected Statement stmt;                //语句对象
    protected ResultSet rs;                  //结果集
    private String dbUser = "root";          //数据库用户
    private String dbPass = "";              //数据库密码
    private String url =                     //连接数据库的 URL
       "jdbc:microsoft:sqlserver://localhost:1433;DatabaseName=shop";
    public void connect() throws ClassNotFoundException,SQLException{
        Class.forName("com.microsoft.jdbc.sqlserver.SQLServerDriver");
        conn = DriverManager.getConnection(this.url,this.dbUser,this.dbPass);
        stmt = conn.createStatement();
    }
    public void close(){
        if(rs! = null) try{rs.close();}catch(Exception ignore){}
        if(stmt! = null) try{stmt.close();}catch(Exception ignore){}
        if(conn! = null) try{conn.close();}catch(Exception ignore){}
    }
}
```

5.6.4 商品表数据访问类 ItemDao

商品表数据访问类 ItemDao 用来从商品表存取商品对象,它是 Database 类的子类,继承了 Database 类中的 protected 成员变量 conn、stmt 和 rs,以 public 的方法 connect()和 close()。getItemById()方法根据商品 ID 获得一个商品对象,getAllItems()方法返回商品表的全部记录,返回类型是商品对象的列表。

```java
package cn.hxci;
import java.util.*;
public class ItemDao extends Database{
    /**
     * 根据商品 ID 获得商品对象
     * @param id 商品 ID
     * @return 商品对象
     */
    public Item getItemById(long id){
        Item item = new Item();
        try{
            connect();
            String sql = "select * from item where id = " + id;
            rs = stmt.executeQuery(sql);
            if(rs.next()){
                item.setId(rs.getLong("id"));
                item.setName(rs.getString("name"));
                item.setPrice(rs.getFloat("price"));
                item.setPicture(rs.getString("picture"));
            }
        }catch(Exception e){
            e.printStackTrace();
        }finally{
            close();
        }
        return item;
    }
    /**
     * 获得全部商品的列表
     * @return 全部商品列表
     */
    public List<Item> getAllItems() {
```

```java
        List<Item> items = new ArrayList<Item>();
        try{
            connect();
            String sql = "select * from item order by id";
            rs = stmt.executeQuery(sql);
            while(rs.next()){
                Item item = new Item();
                item.setId(rs.getLong("id"));
                item.setName(rs.getString("name"));
                item.setPrice(rs.getFloat("price"));
                item.setPicture(rs.getString("picture"));
                items.add(item);    //增加到商品列表
            }
        }catch(Exception e){
            e.printStackTrace();
        }finally{
            close();
        }
        return items;
    }
}
```

5.6.5 购物车类 Cart

购物车类 Cart 封装了购物车的数据和对购物车的操作。购物车中的全部商品存储在一个 ArrayList 中,每种商品是一个商品类 Item 的对象。购物小车的属性 id、op 和 count 用来接收 HTTP 请求参数,含义分别是商品 ID、对购物车的操作和购买数量。对购物车的操作有增加一件商品 add、删除一种商品 remove、更新某种商品的数量 updateCount 和清空购物车 clear,而执行这些操作的方法是 execute()。

```java
package cn.hxci;
import java.util.*;
public class Cart {
    private List<Item> items = new ArrayList<Item>();   //购物车中的商品列表
    private String op;              //对购物车的操作
    private Long id;                //商品 ID
    private int count;              //购物车中某件商品的购买数量
    private ItemDao itemDao;        //数据访问对象
    /**
     * 执行对购物车的操作
```

```java
 * @return 结果字符串
 */
public String execute(){
    if(op == null||op.equals(""))  return"fail";
    if(op.equals("add")){
        add(id);                      //增加商品
    }else if(op.equals("remove")){
        remove(id);                   //移除商品
    }else if(op.equals("updateCount")){
        updateCount(id,count);   //更新某件商品的购买数量
    }else if(op.equals("clear")){
        items.clear();                //清空购物车
    }else{
        return"fail";
    }
    return"success";
}
/**
 * 增加商品到购物车,如果购物车中有该商品,则数量加1
 * @param id 商品ID
 */
public void add(Long id){
    for(Item item: items){
        if(id.equals(item.getId())){
            item.setCount(item.getCount()+1);//已有商品数量加1
            return;
        }
    }
    itemDao = new ItemDao();
    Item it = itemDao.getItemById(id);//根据商品ID得到商品对象
    it.setCount(1);                   //新增1件该商品
    items.add(it);
}
/**
 * 从购物车移除一件商品
 * @param id 商品ID
 */
public void remove(Long id){
```

```
        for(Item item : items){
            if(id.equals(item.getId())){
                items.remove(item);
                return;
            }
        }
    }
    /**
     * 更新某件商品的购买数量
     * @param id 要更新的商品的ID
     * @param count 新的购买数量
     */
    public void updateCount(Long id,int count){
        for(Item item : items){
            if(id.equals(item.getId())){
                item.setCount(count);
                return;
            }
        }
    }
    /**
     * 获得购物车中全部商品的总价
     * @return 总价
     */
    public float getTotalPrice(){
        float total = 0.0F;
        for(Item item : items){
            total + = item.getPrice() * item.getCount();
        }
        return total;
    }
    /**
     * 获得购物车中全部商品的数量
     * @return 商品总数
     */
    public int getTotalCount(){
        int totalCount = 0;
        for(Item item : items){
            totalCount + =  item.getCount();
```

```
            }
            return totalCount;
        }
        public void setOp(String op) {
            this.op = op.trim();      //去掉两端空格
        }
        public void setId(Long id) {
            this.id = id;
        }
        public void setCount(int count) {
            this.count = count;
        }
        public List<Item> getItems() {
            return items;
        }
    }
```

5.6.6 商品列表页面 shopping.jsp

在商品列表页面 shopping.jsp 中，<jsp:useBean>动作元素实例化了一个 ItemDao 类的 JavaBean，在小脚本中调用 getAllItems()方法获得全部商品的列表，并使用 for 循环每次输出一件商品。每次循环输出一个 class="item"的 DIV 标签用来控制一件商品的在页面中的位置。每次循环输出一个用来将一件商品添加到购物车的表单，表单中通过两个隐藏表单域 op 和 id 给 cart.jsp 传递请求参数。

```
<%@page contentType="text/html;charset=GB2312" import="java.util.*,
cn.hxci.*"%>
<html>
<head><title>商品列表</title>
<style type="text/css">
body{          /*body样式*/
    margin:0;  padding:0;  text-align:center;  font-size:14px;
}
#itemList{/*商品列表*/
    text-align:left;  margin:0 auto;  width:800px;
}
.item{         /*每个商品项*/
    width:200px;  height:240px;  float:left;  /*左浮动后DIV会从左到右排列*/
}
a{             /*超链接*/
    text-decoration:none;  color:navy;
```

```jsp
}
    </style>
    <jsp:useBean id="itemDao" class="cn.hxci.ItemDao" scope="request"/>
</head>
<body>
<h2 align="center">商品列表</h2>
<div id="itemList">
<p align="center"><a href="cart.jsp">查看购物车</a></p>
<%
List<Item> items = itemDao.getAllItems();
for(Item item : items){
    %>
    <div class="item">
        <form action="cart.jsp" method="post">
        <table border="0">
        <tr>
            <td colspan="2" width="200" height="150" valign="middle">
                <img src="<%=item.getPicture()%>" width="140" height="140"/>
            </td>
        </tr>
        <tr><td colspan="2" height="32"><%=item.getName()%></td></tr>
        <tr>
            <td height="22" width="70">¥<%=item.getPrice()%></td>
            <td height="22" width="130">
                <input type="hidden" name="id" value="<%=item.getId()%>"/>
                <input type="hidden" name="op" value="add"/>
                <input type="submit" name="submit" value="购买"/>
            </td>
        </tr>
        <tr><td colspan="2"> </td></tr>
        </table>
        </form>
    </div>
    <%
}
%>
</div>
</body>
</html>
```

商品列表页面如图 5-15 所示。

图 5-15

5.6.7 购物车页面 cart.jsp

在购物车页面 cart.jsp 中，<jsp:useBean>声明 cart 的范围是 session。cart 对象在用户首次访问 cart.jsp 时创建，而在该用户后续请求 cart.jsp 时，<jsp:useBean>将在 session 范围内找到这个 bean。<jsp:setProperty>声明 property="*"可以将 HTTP 请求参数 id、op 和 count 传递给 cart 对象。页面中调用 cart.execute()执行对购物车的操作，调用 getItems() 得到购物小车中的商品列表。页面中使用表达式语言 EL 输出总价和总量。

```jsp
<%@page contentType = "text/html;charset = GB2312" import = "java.util.*,
cn.hxci.*" %>
<html>
<head>
<title>我的购物小车</title>
</head>
<jsp:useBean id = "cart" class = "cn.hxci.Cart" scope = "session"/>
<jsp:setProperty name = "cart" property = "*"/>
<body>
<h2 align = "center">购物车</h2>
<table align = "center" border = "0" cellspacing = "1">
<tr>
    <th width = "270">商品</th>
    <th width = "120">价格</th>
```

```html
            <th width="150">购买数量</th>
            <th width="120">操作</th>
        </tr>
<%
    cart.execute();
    List<Item> items = cart.getItems();
    for(Item item : items){
%>
        <tr>
            <td><%=item.getName()%></td>
            <td>¥<%=item.getPrice()%></td>
            <td>
                <form action="cart.jsp" method="post">
                    <input type="text" size="6" name="count" value="<%=item.getCount()%>"/>
                    <input type="submit" name="submit" value="更新"/>
                    <input type="hidden" name="op" value="updateCount"/>
                    <input type="hidden" name="id" value="<%=item.getId()%>"/>
                </form>
            </td>
            <td><a href="cart.jsp?op=remove&id=<%=item.getId()%>">删除</a></td>
        </tr>
<%
    }
%>
        <tr>
            <td>总计</td>
            <td>总价¥${cart.totalPrice}元</td>
            <td>共${cart.totalCount}件商品</td>
            <td><a href="cart.jsp?op=clear">清空购物车</a></td>
        </tr>
    </table>
    <p align="center"><a href="shopping.jsp">继续购物</a>|<a href="cart.jsp">结算中心</a></p>
</body>
</html>
```

购物车页面如图 5-16 所示。

图 5-16

5.7 彩色验证码

本例演示用 JavaBean 实现一个彩色验证码,并用 JSP 调用 JavaBean 实现彩色验证码的实际应用。

首先新建 Web 工程 Demo,新建一个 JavaBean,名为 Image.java,放在包 cn.zmx 下。新建三个 JSP 文件,分别为 index.jsp、login.jsp 和 check.jsp。其中 index.jsp 是首页,login.jsp 是用来调用 JavaBean 进行图片显示的登录页,而 check.jsp 是用来在 index.jsp 输入验证码后进行验证的,如果输入验证码和由 JavaBean 随机产生的验证码一致,那么显示"验证码输入正确",否则显示"验证码输入错误"。

5.7.1 验证码类 Image

```
package cn.zmx;
import java.awt.Color;
import java.awt.Font;
import java.awt.Graphics;
import java.awt.image.BufferedImage;
import java.io.IOException;
import java.io.OutputStream;
import java.util.Random;
import javax.imageio.ImageIO;
public class Image {
//验证码图片中可以出现的字符集,可根据需要修改
private char mapTable[] = {
'a','b','c','d','e','f',
'g','h','i','j','k','l',
'm','n','o','p','q','r',
's','t','u','v','w','x',
'y','z','0','1','2','3',
```

'4','5','6','7','8','9'};
/**
* 功能:生成彩色验证码图片
* 参数 width 为生成图片的宽度,参数 height 为生成图片的高度,参数 os 为页面的输出流
*/
public String getCertPic(int width,int height,OutputStream os)
{
    if(width<=0)width=60;
        if(height<=0)height=20;
        BufferedImage image = new BufferedImage(width,height,
            BufferedImage.TYPE_INT_RGB);
        // 获取图形上下文
        Graphics g = image.getGraphics();
        // 设定背景色
        g.setColor(new Color(0xDCDCDC));
        g.fillRect(0,0,width,height);
        //画边框
        g.setColor(Color.black);
        g.drawRect(0,0,width-1,height-1);
        // 取随机产生的认证码
        String strEnsure = "";
        // 4 代表 4 位验证码,如果要生成更多位的认证码,则加大数值
        for(int i=0;i<4;++i){
    strEnsure += mapTable[(int)(mapTable.length * Math.random())];
        }
//将认证码显示到图像中,如果要生成更多位的认证码,增加 drawString 语句
        g.setColor(Color.black);
        g.setFont(new Font("Atlantic Inline",Font.PLAIN,18));
        String str = strEnsure.substring(0,1);
        g.drawString(str,8,17);
        str = strEnsure.substring(1,2);
        g.drawString(str,20,15);
        str = strEnsure.substring(2,3);
        g.drawString(str,35,18);
        str = strEnsure.substring(3,4);
        g.drawString(str,45,15);
        //随机产生 10 个干扰点
        Random rand = new Random();
        for (int i=0;i<10;i++) {

```
            int x = rand.nextInt(width);
            int y = rand.nextInt(height);
            g.drawOval(x,y,1,1);
            }
            //释放图形上下文
            g.dispose();
            try {
            //输出图像到页面
            ImageIO.write(image,"JPEG",os);
            } catch (IOException e) {
            return"";
            }
                return strEnsure;
                }
}
```

5.7.2 带验证码的登录页面 login.jsp

```
<%@page contentType = "image/jpeg"pageEncoding = "gb2312"%>
    <jsp:useBean id = "image"scope = "session"class = "cn.zmx.Image"/>
<%
String str = image.getCertPic(0,0,response.getOutputStream());
//将认证码存入 SESSION
session.setAttribute("certCode",str);
%>
index.jsp
<%@ page contentType = "text/html;charset = GB2312"%>
<html>
    <head>
<title>登录页面</title>
</head>
<body>
<form action = "check.jsp"method = "post">
用户名：
<input type = "text"name = "username"/><br>
密   码：
<input type = "password"name = "password"/><br>
验证码：
<input type = "text"name = "certCode"/>
<img src = "image.jsp"><br>
```

```
    <input type="submit"value="确定"/>
        </form>
    </body>
</html>
```

5.7.3 登录检查页面 check.jsp

```
<%@ page pageEncoding="gb2312" %>
<%
String certCode = request.getParameter("certCode");
if(certCode.equals((String)session.getAttribute("certCode")))
      out.print("验证码输入正确");
else
      out.print("验证码输入错误");
%>
```

运行,当输入验证码和随机产生验证码不一致时,如图 5-17 所示。

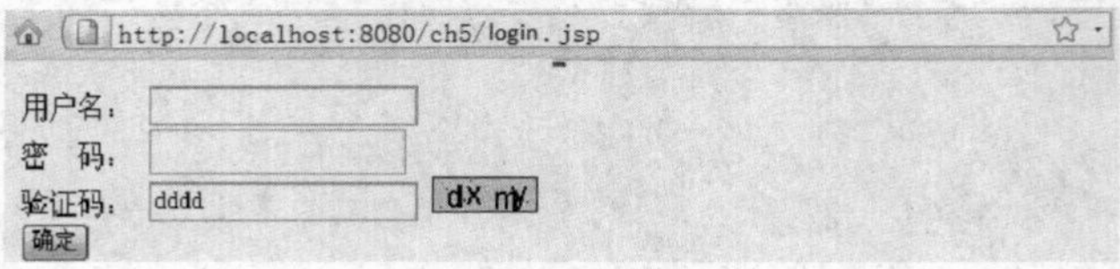

图 5-17

至此,一个用 JavaBean 实现的彩色验证码的例子就演示完毕,读者可进一步将其改进,使其适合自己的实际应用,如可以将产生的验证码长度变成 6 位,显示也可以包括 ♯、$ 等等。

5.8 本章小结

JavaBean 是一个可重复使用的软件组件,是遵循一定标准、用 Java 语言编写的一个类,该类的一个实例称为一个 JavaBean。

JSP 页面中使用 JavaBean,可有效地分离静态工作部分和动态工作部分,实现业务逻辑和表现形式的分离。JavaBean 负责业务逻辑的处理,JSP 负责页面的展示。

<jsp:useBean>动作元素用来在 JSP 页面中获取或者创建一个 JavaBean 对象,并指定它的名字和作用范围。仅当找不到相同 id 和 scope 的 bean 时,<jsp:useBean>才会引发 bean 新实例的创建。

JavaBean 可以以 .class 文件零散存放在 Web 应用的 /WEB-INF/classes 目录下的包名对应的子目录中。多个 JavaBean 还可以打包成一个 .jar 文件,然后将打包后的 .jar 文件存放在 Web 应用的 /WEB-INF/lib 目录下。

JSP 中使用 JavaBean 实际上是将 JavaBean 对象作为一个属性(Attribute)分别绑定到了 pageContext 对象、request 对象、session 对象或者 application 对象。scope 对应的取值

分别为 page、request、session 和 application，JavaBean 的作用范围分别对应一个页面、一次请求、一个用户会话和一个 Web 应用。

<jsp:getProperty>动作元素获取并输出 JavaBean 的属性，JSP 2.0 中也允许使用表达式语言 EL 获取并输出 JavaBean 的属性，它们都是调用 JavaBean 的 getter 方法，而不管 JavaBean 中是否真的有与属性名称对应的成员变量定义。

<jsp:setProperty>动作元素用来设置 JavaBean 的简单属性和索引属性。<jsp:setProperty>使用 JavaBean 的 setter 方法设置一个或多个属性的值。value 给出属性的值，param 给出 HTTP 请求参数名，property="*"时可以自动匹配全配 HTTP 请求参数。

return 语句并不是任何时候都立即返回，当其处于 try 或者 catch 语句块中时，Java 虚拟机确保 finally 语句块执行完才会执行 return 语句。

第 6 章 表达式语言 EL

JSP 2.0 版本提出了一个新的功能——表达式语言(Expression Language,EL)。EL 提供了在 JSP 页面中以更简洁的语法输出数据的机制。

6.1 EL 简介

JSP 2.0 将 EL 正式纳入为 JSP 的标准,在 JSP 页面中使用 EL 需要应用服务器支持 Servlet 2.4/JSP 2.0。EL 提供了更简洁的访问访问数据的语法。例如访问一个 JavaBean 中的属性,用表达式的语法如下:

<%=customer.getAddress().getCountry()%>

如果使用表达式语言 EL,语法如下:

${customer.address.country}

EL 可以方便地与标准标签库 JSTL 配合使用,假设 students 是一个数组或者 List,其中每个 Student 对象具有 id 和 name 属性,则可以使用 JSTL 的迭代标签<c:forEach>和表达式语言 EL 输出表格的数据行。

<c:forEach var="student" items="${students}">
  <tr><td>${student.id}</td><td>${student.name}</td></tr>
</c:forEach>

在前面章节讲解 page 指令时,提到了一个 isELIgnored 属性,它就是指定该 JSP 页面是否支持 EL 表达式。如果 isELIgnored="true",即忽略 EL 表达式,在 JSP 页面中可以直接使用"${"字符,应用服务器是不会试图解析这些表达式的。如果 isELIgnored="false",应用服务器遇到"${"字符时会解析其中的表达式内容,并把结果输出。isELIgnored 的默认值是 false,即 JSP 页面支持表达式语言 EL,但是如果 Web 开发者又想使用"${"字符,则需要在前面加上"\"字符进行转译,即"\${"的输出是"${"。

6.2 EL 语法

EL 表达式的使用是非常简单的,所有 EL 表达式都是以"${"开始,并以"}"结束。最简单直接的方法,就是在 EL 中使用属性的名字获取到值,例如:

${userName}

当 EL 表达式中的属性不给定范围时,则表示容器会默认从 page 范围中找,再依次到 request、session 和 application 范围,如果中途找到属性 userName,则直接返回。需要注意的是,EL 读取的是属性(Attribute)的值,而不能读取局部变量的值。

6.2.1 字面值

表达式语言 EL 定义了可以在表达式中使用的字面值如下：
- 布尔型：true 和 false。
- 整数：和 Java 类似，可以包含任何正数或者负数，例如 24、-56、315 等。
- 浮点数：与 Java 类似，可以包含任何正的或者负的浮点数，例如 3.14、-1.8E-5 等。
- 字符串：任何由单引号或者双引号限定的字符串。对于单引号、双引号、反斜杠，使用反斜杠作为转义字符。但是如果字符串两端使用双引号，则作为字符串内容的单引号不需要转义。
- 空值：NULL。

字面值（literal.jsp）：

```
<%@ page language="java" contentType="text/html;charset=GB18030" %>
<html>
<head><title>字面值</title></head>
<body>
布尔型：${false}
整数：${56}    ${-123}
浮点数：${3.14}    ${-1.8E-5}
字符串：${"Hello EL"}    ${'表达式语言'}
空值：${NULL}
</body>
</html>
```

具体如图 6-1 所示。

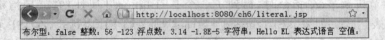

图 6-1

6.2.2 操作符"[]"和"."

在 EL 中，可以使用操作符"[]"和"."来取得对象的属性。例如，${student.name} 或者 ${student['name']} 表示读取对象 student 中的 name 属性值。

另外在 EL 中可以使用"[]"操作符来读取 Map、List 等对象集合中的数据。假设 students 是 Student 对象的数组或者 List，获得第 2 个 Student 对象的 name 属性：

${students[1].name}

假设 conf 是 HashMap 类的对象，获得其中关键字"siteName"对应的值：

${conf["siteName"]} 或者 ${conf.siteName}

1. Student 类

```
package cn.oakcms;
public class Student {
```

```
    private String id;        //学号
    private String name;      //姓名
    public Student(){ }
    public Student(String id,String name){
        this.id = id;
        this.name = name;
    }
    public String getId() {
        return id;
    }
    public void setId(String id) {
        this.id = id;
    }
    public String getName() {
        return name;
    }
    public void setName(String name) {
        this.name = name;
    }
}
```

2. EL 读取对象的属性

EL 读取对象的属性实际上是通过调用对象的 getter 方法完成的。

```
<%@ page contentType = "text/html;charset = GB18030" import = "cn.oakcms.Student" %>
<html>
<head><title>EL 读取对象的属性</title></head>
<body>
<%
    pageContext.setAttribute("student",new Student("1","李雪娇"));
%>
<p> ${student.id}    ${student.name}
    ${student['id']}    ${student['name']}</p>
</body>
</html>
```

具体运行情况如图 6-2 所示。

图 6-2

3. EL 读取 List 中的对象

List 的下标是从 0 开始的,因此 students[1] 访问的是 List 中的第 2 个 Student 对象。

```jsp
<%@ page language="java" contentType="text/html;charset=GB2312"
    import="java.util.*,cn.hxci.Student" %>
<html>
<head><title>EL 读取 List 中的对象</title></head>
<body>
<%
    List<Student> students = new ArrayList<Student>();
    students.add(new Student("1","张三"));
    students.add(new Student("2","李四"));
    students.add(new Student("3","王五"));
request.setAttribute("students",students);
%>
<p>${students[1].id}    ${students[1]['name']}</p>
</body>
</html>
```

具体运行情况如图 6-3 所示。

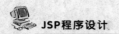

图 6-3

4. EL 读取 Map 中的对象

```jsp
<%@ page contentType="text/html;charset=GB2312" import="java.util.*" %>
<html>
<head><title>EL 读取 Map 中的对象</title></head>
<body>
<%
    Map<String,String> conf = new HashMap<String,String>();
    conf.put("siteName","学籍管理系统");
    conf.put("developer","小鱼工作室");
    conf.put("siteDomain","http://www.hxci.cn/");
    request.setAttribute("conf",conf);
%>
<p>${conf.siteName}   ${conf.developer}  ${conf['siteDomain']}</p>
</body>
</html>
```

具体运行情况如图 6-4 所示。

第6章 表达式语言EL

图 6-4

6.2.3 算术运算符

EL 提供的算数运算符如表 6-1 所示。

表 6-1 EL 算数运算符

算数运算符	说明	举例	结果
＋	加法	${23＋5}	28
－	减法	${23－5}	18
＊	乘法	${3＊8}	24
/ 或 div	除法	${8/2} 或 ${8 div 2}	4
％ 或 mod	求余	${17％3} 或 ${17 mod 3}	2

6.2.4 关系运算符

EL 提供的关系运算符如表 6-2 所示。

表 6-2 EL 关系运算符

关系运算符	说明	举例		结果
＝＝ 或 eq	等于	${5＝＝10}	${5 eq 10}	false
！＝ 或 ne	不等于	${5！＝10}	${5 ne 10}	true
＜ 或 lt	小于	${5＜10}	${5 lt 10}	true
＞ 或 gt	大于	${5＞10}	${5 gt 10}	false
＜＝ 或 le	小于等于	${5＜＝10}	${5 le 10}	true
＞＝ 或 ge	大于等于	${5＞＝10}	${5 ge 10}	false

6.2.5 逻辑运算符

EL 提供的逻辑运算符如表 6-3 所示。

表 6-3 EL 逻辑运算符

逻辑运算符	说明	举例
＆＆ 或 and	与	${num＞5 and num＜10}
‖ 或 or	或	${num＜5 or num＞10}
！ 或 not	非	${！(num＞5)}

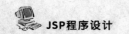

6.2.6 empty 运算符

运算符"empty"是一个前缀形式的操作符,用来判断某个属性是否为 null 或者为空。例如,${empty student.name}用来判断 student 对象的 name 属性是否为 null 或者为空。运算符"empty"的运算规则如下:

${empty a}
- 如果 a 为 null,返回 true。
- 如果 a 为空的字符串,返回 true。
- 如果 a 为空的数组,返回 true。
- 如果 a 为空的 Map 集合类,返回 true。
- 如果 a 为空的 List 集合类,返回 true。
- 否则,返回 false。

6.2.7 条件运算符

EL 中的条件运算符形式为:

${a? b:c}

其中 a 为逻辑表达式,如果 a 为 true,返回 b 表达式执行的结果;如果 a 为 false,返回 c 表达式执行的结果。

6.3 EL 中的隐含对象

为了方便地获得 Web 应用程序的相关数据,表达式语言 EL 定义了一些隐含对象。隐含对象总共有 11 个,如表 6-4 所示。这样使得 EL 能够更加方便地获取数据。这 11 个隐含对象能够很方便地读取 pageContext、request、session、application 上的属性,以及 Cookie、HTTP 请求头、HTTP 请求参数和 Web 应用的初始化参数。

表 6-4　EL 中的隐含对象

类别	隐含对象	描述
JSP	pageContext	JSP 页面的 pageContext 对象
作用范围	pageScope	pageContext 对象上绑定的属性
	requestScope	request 对象上绑定的属性
	sessionScope	session 对象上绑定的属性
	applicationScope	application 对象上绑定的属性
请求参数	param	请求参数
	paramValues	请求参数(多值)
请求头	header	HTTP 头部
	headerValues	HTTP 头部(多值)
Cookie	cookie	Cookie
初始化参数	initParam	初始化参数

6.3.1 pageContext 对象

很多读者会把 EL 中定义的隐含对象和 JSP 的内部对象相混淆,其实只有一个对象是它们两者共有的,即 pageContext 对象。pageContext 对象拥有访问 JSP 中所有其他 8 个内部对象的权限,这也是将 pageContext 对象包含在 EL 隐含对象中的主要原因。

- ${pageContext.request.remoteAddr}　客户端的 IP 地址
- ${pageContext.request.requestURL}　请求的 URL
- ${pageContext.request.requestURI}　请求的 URI
- ${pageContext.request.queryString}　查询串
- ${pageContext.request.contextPath}　Web 应用的虚拟路径
- ${pageContext.session.id}　用户会话 ID
- ${pageContext.servletContext.serverInfo}　应用服务器信息

pageContext 对象使用举例(page_context.jsp):

```
<%@ page language="java" contentType="text/html;charset=GB2312" %>
<html>
<head><title>pageContext</title></head>
<body>
<table align="center" border="0" cellspacing="1">
<tr>
    <th width="150">常用的信息</th>
    <th width="320">pageContext 的方法调用</th>
    <th width="350">结果</th>
</tr>
<tr>
    <td>客户端的 IP 地址</td>
    <td>\${pageContext.request.remoteAddr}</td>
    <td>${pageContext.request.remoteAddr}</td>
</tr>
<tr>
    <td>请求的 URL</td>
    <td>\${pageContext.request.requestURL}</td>
    <td>${pageContext.request.requestURL}</td>
</tr>
<tr>
    <td>请求的 URI</td>
    <td>\${pageContext.request.requestURI}</td>
    <td>${pageContext.request.requestURI}</td>
</tr>
<tr>
```

```
            <td>查询串</td>
            <td>\ ${pageContext.request.queryString}</td>
            <td>${pageContext.request.queryString}</td>
        </tr>
        <tr>
            <td>Web应用的虚拟路径</td>
            <td>\ ${pageContext.request.contextPath}</td>
            <td>${pageContext.request.contextPath}</td>
        </tr>
        <tr>
            <td>用户会话 ID</td>
            <td>\ ${pageContext.session.id}</td>
            <td>${pageContext.session.id}</td>
        </tr>
        <tr>
            <td>应用服务器信息</td>
            <td>\ ${pageContext.servletContext.serverInfo}</td>
            <td>${pageContext.servletContext.serverInfo}</td>
        </tr>
    </table>
</body>
</html>
```

具体运行情况如图 6-5 所示。

图 6-5

6.3.2 范围对象

pageScope、requestScope、sessionScope、applicationScope 分别对应 page、request、session、application 四种作用范围。

但是需要注意的是,范围对象只能取得对应范围内的属性(Attribute)的值,而不能取得其他相关信息。当在 EL 表达式中的属性不给定范围时,则容器会依次从 pageContext、request、session、application 对象上查找属性。如果中途找到给定名称对应的属性,则直接返回该属性的值。

范围对象使用举例(scope.jsp):

```
<%@ page language = "java" contentType = "text/html;charset = GB2312" %>
<html>
<head><title>范围对象</title></head>
<body>
<%
    pageContext.setAttribute("userName","userName on pageContext");
    request.setAttribute("userName","userName on request");
    session.setAttribute("userName","userName on session");
    application.setAttribute("userName","userName on application");
%>
<ul>
    <li> ${pageScope.userName}</li>
    <li> ${requestScope.userName}</li>
    <li> ${sessionScope.userName}</li>
    <li> ${applicationScope.userName}</li>
    <li> ${userName}</li>
</ul>
</body>
</html>
```

具体运行情况如图 6-6 所示。

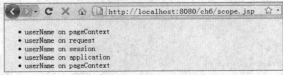

图 6-6

6.3.3 请求参数对象

param 和 paramValues 这两个对象用来在 EL 中获得用户请求参数。

param.myparam 相当于 request.getParameter("myparam");

paramValues.myvalues 相当于 request.getParameterValuse("myvalues");

例如：

${param.useName}

${param.hobbies[2]}

1. 提供请求参数的页面（param1.jsp）

```
<%@ page language = "java" contentType = "text/html;charset = GB2312" %>
<html>
<head><title>请求参数对象</title></head>
<body>
```

```html
<form action = "param2.jsp" method = "post">
<table border = "0">
<tr valign = "middle">
    <td  height = "26">姓名:</td>
    <td><input name = "name" size = "12"/></td>
</tr>
<tr valign = "middle">
    <td height = "26">性别:</td>
    <td>
        <input name = "sex" type = "radio" value = "男"/>男
        <input name = "sex" type = "radio" value = "女"/>女
    </td>
</tr>
<tr valign = "middle">
    <td height = "26">专业:</td>
    <td>
        <select name = "major">
            <option value = "软件技术">软件技术</option>
            <option value = "信息管理">信息管理</option>
            <option value = "网络软件开发">网络软件开发</option>
        </select>
    </td>
</tr>
<tr valign = "middle">
    <td height = "26">系别:</td>
    <td>
        <input name = "hobbies" type = "checkbox" value = "软件学院"/>软件学院
        <input name = "hobbies" type = "checkbox" value = "艺术学院"/>艺术学院
        <input name = "hobbies" type = "checkbox" value = "机电工程系"/>机电工程系
        <input name = "hobbies" type = "checkbox" value = "商贸系"/>商贸系
        <input name = "hobbies" type = "checkbox" value = "中专部"/>中专部
    </td>
</tr>
<tr valign = "middle">
    <td height = "26"> </td>
    <td><input type = "submit" name = "submit" value = "提交"/></td>
</tr>
</table>
</form>
```

```
</body>
</html>
```
具体运行情况如图 6-7 所示。

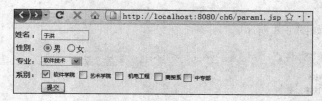

图 6-7

2. 获得请求参数的页面(param2.jsp)

```
<%@ page language="java" contentType="text/html;charset=GB2312" %>
<%@ taglib uri="http://java.sun.com/jsp/jstl/core" prefix="c" %>
<html>
<head><title>请求参数对象</title></head>
<body>
<%
    request.setCharacterEncoding("GB2312");
%>
<table border="0">
<tr valign="middle">
    <td height="26">姓名:</td>
    <td>${param.name}</td>
</tr>
<tr valign="middle">
    <td height="26">性别:</td>
    <td>${param.sex}</td>
</tr>
<tr valign="middle">
    <td height="26">专业:</td>
    <td>${param.major}</td>
</tr>
<tr valign="middle">
    <td height="26">系别:</td>
    <td>
        <c:forEach var="hobby" items="${paramValues.hobbies}">
            ${hobby}   
        </c:forEach>
    </td>
```

```
</tr>
</table>
</body>
</html>
```
具体运行情况如图 6-8 所示。

图 6-8

6.3.4 请求头对象

EL 隐含对象 header 和 headerValues 用来获得 HTTP 请求头。常见的 HTTP 请求头如下：

- ➤ ${header["User-Agent"]}浏览器类型
- ➤ ${header["Accept-Language"]}获得用户的语言
- ➤ ${header["referer"]}从哪个页面链接过来的
- ➤ ${header["host"]}请求的域名
- ➤ ${header["Accept"]}客户端接受的 MIME 类型

请求头对象使用举例（header.jsp）：

```
<%@ page language = "java"contentType = "text/html;charset = GB18030" %>
<html>
<head><title>header</title></head>
<body>
<table align = "center"border = "0"cellspacing = "1">
<tr>
    <th width = "80">请求头含义</th>
    <th width = "100">请求头</th>
    <th width = "260">结果</th>
</tr>
<tr>
    <td>客户端浏览器</td>
    <td>\${header["User-Agent"]}</td>
    <td>${header["User-Agent"]}</td>
</tr>
<tr>
    <td>客户端接受的语言</td>
    <td>\${header["Accept-Language"]}</td>
```

```
    <td>${header["Accept-Language"]}</td>
</tr>
<tr>
    <td>客户端接受的 MIME 类型</td>
    <td>\${header["Accept"]}</td>
    <td>${header["Accept"]}</td>
</tr>
<tr>
    <td>从哪个页面链接过来的</td>
    <td>\${header["referer"]}</td>
    <td>${header["referer"]}</td>
</tr>
<tr>
    <td>请求的域名</td>
    <td>\${header["host"]}</td>
    <td>${header["host"]}</td>
</tr>
</table>
</body>
</html>
```

具体运行情况如图 6-9 所示。

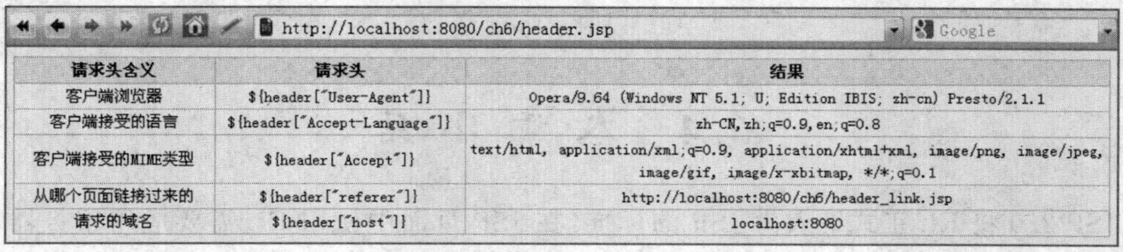

请求头含义	请求头	结果
客户端浏览器	${header["User-Agent"]}	Opera/9.64 (Windows NT 5.1; U; Edition IBIS; zh-cn) Presto/2.1.1
客户端接受的语言	${header["Accept-Language"]}	zh-CN,zh;q=0.9,en;q=0.8
客户端接受的MIME类型	${header["Accept"]}	text/html, application/xml;q=0.9, application/xhtml+xml, image/png, image/jpeg, image/gif, image/x-xbitmap, */*;q=0.1
从哪个页面链接过来的	${header["referer"]}	http://localhost:8080/ch6/header_link.jsp
请求的域名	${header["host"]}	localhost:8080

图 6-9

6.3.5 cookie 对象

EL 隐含对象 cookie 用于在表达式语言中读取 Cookie。如果浏览器的 HTTP 请求中包含名字为“user”的 Cookie,则可以通过 ${cookie.user.value}来读取它的值。读取 Tomcat 的 session ID 的表达式语言 EL 为 ${cookie["JSESSIONID"].value}。

6.3.6 初始化参数

EL 隐含对象 initParam 用来读取 Web 应用程序的初始化参数的值。初始化参数是在 web.xml 部署描述文件中指定的,该文件位于应用程序的 WEB-INF 目录中。例如:

```
${initParam.developer}或 ${initParam["developer"]}
```

1. 在/WEB-INF/web.xml 中配置初始化参数

```
<context-param>
    <param-name>developer</param-name>
    <param-value>YuHong</param-value>
</context-param>
<context-param>
    <param-name>siteName</param-name>
    <param-value>hxci.cn</param-value>
</context-param>
```

2. 读取初始化参数(initparam.jsp)

```
<%@ page language="java" contentType="text/html;charset=GB2312"%>
<html>
<head><title>初始化参数</title></head>
<body>
<p>${initParam.siteName}   ${initParam['developer']}</p>
</body>
</html>
```

具体运行情况如图 6-10 所示。

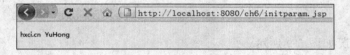

图 6-10

6.4 本章小结

　　JSP 2.0 将 EL 正式纳入为 JSP 的标准,在 JSP 页面中使用 EL 需要应用服务器支持 Servlet 2.4/JSP 2.0。

　　EEL 表达式都是以"${"开始,并以"}"结束。EL 读取的是属性(Attribute)的值,而不能读取局部变量的值。当在 EL 表达式中的属性不给定范围时,则容器会依次从 pageContext、request、session、application 对象上查找属性。如果中途找到给定名称对应的属性,则直接返回该属性的值。

　　在 EL 中,可以使用操作符"[]"和"."来取得对象的属性。在 EL 中还可以使用"[]"操作符来读取 Map、List 等对象集合中的数据。

　　表达式语言 EL 提供了算术运算符、关系运算符、逻辑运算符、empty 运算符和条件运算符来完成简单的计算。

　　为了方便地获得 Web 应用程序的相关数据,表达式语言 EL 定义了 11 个隐含对象,可以很方便地读取 pageContext、request、session、application 上的属性,以及 Cookie、HTTP 请求头、HTTP 请求参数和 Web 应用的初始化参数。

第7章 MVC综合案例——系统管理模块实现

7.1 MVC迷你教程

在第6章中已经学习了JavaBean,也应用了"JSP+JavaBean"这样一种开发组合策略,其实它是属于JSP开发模式一(JSP+JavaBean),目的是"为了将页面显示与业务逻辑处理分开",但是缺点比较明显,就是"维护困难,扩展性不强,不能满足大型应用"。但是,模式一简单,对于小型的应用,可以考虑该模式。

本章我们结合Servlet技术后,就可以进一步去学习JSP开发模式二(JSP+JavaBeans+Servlet),模式二符合MVC开发模式[模型(Model)—视图(View)—控制器(Control)]。在模式二中Servlet充当控制器,负责流程的控制;JSP充当视图,只负责数据的显示;JavaBean充当模型,负责业务逻辑的处理。这样分层设计,就便于维护,程序员专门负责业务逻辑代码,而界面设计师不需要知道具体怎么实现,由于采用三层架构,程序的扩展性也比较好,便于以后功能的扩展,非常符合大型应用开发。

MVC英文即Model-View-Controller,即把一个应用的输入、处理、输出流程按照Model、View、Controller的方式进行分离,这样一个应用被分成三个层——模型层、视图层、控制层。

➢ 视图(View)

代表用户交互界面,对于Web应用来说,可以概括为HTML界面,但有可能为XHTML、XML和Applet。随着应用的复杂性和规模性,界面的处理也变得具有挑战性。

一个应用可能有很多不同的视图,MVC设计模式对于视图的处理仅限于视图上数据的采集和处理,以及用户的请求,而不包括在视图上的业务流程的处理。业务流程的处理交予模型(Model)处理。比如一个订单的视图只接受来自模型的数据并显示给用户,以及将用户界面的输入数据和请求传递给控制和模型。

➢ 模型(Model)

就是业务流程/状态的处理以及业务规则的制定。业务流程的处理过程对其他层来说是黑箱操作,模型接受视图请求的数据,并返回最终的处理结果。业务模型的设计可以说是MVC最主要的核心,对一个开发者来说,就可以专注于业务模型的设计。

MVC设计模式告诉我们,把应用的模型按一定的规则抽取出来,抽取的层次很重要,这也是判断开发人员是否优秀的设计依据。抽象与具体不能隔得太远,也不能太近。MVC并没有提供模型的设计方法,而只告诉用户应该组织管理这些模型,以便于模型的重构和提高重用性。

业务模型还有一个很重要的模型那就是数据模型。数据模型主要是指实体对象的数据保存(即持续化)。比如将一张订单保存到数据库,从数据库获取订单。可以将这个模型单独列出,所有有关数据库的操作只限制在该模型中。

➢ 控制(Controller)

可以理解为从用户接收请求,将模型与视图匹配在一起,共同完成用户的请求。划分控制层的作用也很明显,它清楚地告诉用户,它就是一个分发器,选择什么样的模型,选择什么样的视图,可以完成什么样的用户请求。控制层并不做任何的数据处理。例如,用户点击一个链接,控制层接受请求后,并不处理业务信息,它只把用户的信息传递给模型,告诉模型做什么,选择符合要求的视图返回给用户。因此,一个模型可能对应多个视图,一个视图可能对应多个模型。

模型、视图与控制器的分离,使得一个模型可以具有多个显示视图。如果用户通过某个视图的控制器改变了模型的数据,所有其他依赖于这些数据的视图都应反映出这些变化。因此,无论何时发生了何种数据变化,控制器都会将变化通知所有的视图,导致显示更新。

视图、模型与控制器三层相互之间的关系以及各层的主要功能如图 7-1 所示。

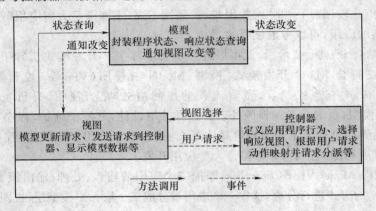

图 7-1

下面,通过一个用户登录及用户信息管理模块完整的项目案例来体验开发过程。

7.2 用户登录(JSP+JavaBean+Servlet)

本例将连接数据库验证用户名和密码的代码封装在 JavaBean 中,很大程度上减少了 JSP 文件中的 Java 代码量,实现了业务逻辑和表现形式的分离。系统由用户表 user、用户类 User 和 3 个 JSP 页面构成。

7.2.1 创建数据库 tb_stu

本例使用在 SQL Server 2008 环境下创建的数据库。

7.2.2 创建模型 M 部分——公共的数据库类 JDBConnection

首先要新建项目 model_2_test。在该项目中首先要编写一个公共的数据库类,类名为 JDBConnection,该类封装了针对数据库的连接、信息查找、信息操作、连接关闭等的公共操作。类的代码如下:

```
import java.sql.*;
public class JDBConnection {
```

第7章 MVC综合案例——系统管理模块实现

```java
    private final String dbDriver = "com.microsoft.sqlserver.jdbc.SQLServerDriver";
    //连接SQL数据库的方法
    private final String url = "jdbc:sqlserver://localhost:1433;DatabaseName = db_stu";
    private final String userName = "sa";
    private final String password = "sa1234";
    private Connection con = null;

    public JDBConnection() {
        try {
            Class.forName(dbDriver).newInstance();    //加载数据库驱动
        }
        catch (Exception ex) {
            System.out.println("数据库加载失败");
        }
    }
    //创建数据库连接
    public boolean creatConnection() {
        try {
            con = DriverManager.getConnection(url,userName,password);
            con.setAutoCommit(true);
        }
        catch (SQLException e) {
            System.out.println(e.getMessage());
            System.out.println("creatConnectionError!");
        }
        return true;
    }
//对数据库的增加、修改和删除的操作
    public boolean executeUpdate(String sql) {
        if (con == null) {
            creatConnection();
        }
        try {
            Statement stmt = con.createStatement();
            int iCount = stmt.executeUpdate(sql);
            System.out.println("操作成功,所影响的记录数为"
                + String.valueOf(iCount));
        }
        catch (SQLException e) {
```

· 125 ·

```java
            System.out.println(e.getMessage());
            System.out.println("executeUpdaterError!");
        }
        return true;
    }
    //对数据库的查询操作
    public ResultSet executeQuery(String sql) {
        ResultSet rs;
        try {
            if (con == null) {
                creatConnection();
            }
            Statement stmt = con.createStatement();
            try {
                rs = stmt.executeQuery(sql);
            }
            catch (SQLException e) {
                System.out.println(e.getMessage());
                return null;
            }
        }
        catch (SQLException e) {
            System.out.println(e.getMessage());
            System.out.println("executeQueryError!");
            return null;
        }
        return rs;
    }
    //关闭数据库的操作
    public void closeConnection() {
        if (con != null) {
            try {
                con.close();
            }
            catch (SQLException e) {
                e.printStackTrace();
                System.out.println("Failed to close connection!");
            }
            finally {
```

```
            con = null;
        }
    }
}
```

7.2.3　创建模型 M 部分——用户基本信息、验证码及业务 bean

➢新建包名 com.goldfish.bean。在该包下建立用户基本信息 bean 文件,文件命名为 User.java。代码如下:

```
public class User {
    private int id;
    private String name;
    private String pwd;
    private String sex;
    private String age;
    private String phone;
    public int getId() {
        return id;
    }
    public void setId(int id) {
        this.id = id;
    }
    public String getName() {
        return name;
    }
    public void setName(String name) {
        this.name = name;
    }
    public String getPwd() {
        return pwd;
    }
    public void setPwd(String pwd) {
        this.pwd = pwd;
    }
    public String getSex() {
        return sex;
    }
    public void setSex(String sex) {
        this.sex = sex;
```

```
    }
    public String getAge() {
        return age;
    }
    public void setAge(String age) {
        this.age = age;
    }
    public String getPhone() {
        return phone;
    }
    public void setPhone(String phone) {
        this.phone = phone;
    }
}
```

➢ 接下来在该包下新建一个生成验证码的 bean 文件,文件名为 MakeCertPic.java。代码如下:

```
import java.awt.Color;
import java.awt.Font;
import java.awt.Graphics;
import java.awt.image.BufferedImage;
import java.io.IOException;
import java.io.OutputStream;
import java.util.Random;
import javax.imageio.ImageIO;
/* 生成验证码图片
 */
public class MakeCertPic {
    //验证码图片中可以出现的字符集,可以根据需要修改
    private char mapTable[] = { 'a','b','c','d','e','f','g','h','i',
        'j','k','l','m','n','o','p','q','r','s','t','u','v',
        'w','x','y','z','0','1','2','3','4','5','6','7','8',
        '9' };
    /*
     * 功能:生成彩色验证码图片,参数 wedth 为生成图片的宽度,参数 height 为
生成图片的高度,参数 os 为页面的输出流
     */
    public String getCertPic(int width,int height,OutputStream os) {
        if (width <= 0)
            width = 60;
```

```
if (height <= 0)
    height = 20;
BufferedImage image = new BufferedImage(width,height,
        BufferedImage.TYPE_INT_RGB);
// 获取图形上下文
Graphics g = image.getGraphics();
// 设定背景颜色
g.setColor(new Color(0xDCDCDC));
g.fillRect(0,0,width,height);
// 画边框
g.setColor(Color.red);
g.drawRect(0,0,width-1,height-1);
// 随机产生的验证码
String strEnsure = "";
// 4 代表 4 为验证码,如果要产生更多位的验证码,则加大数值
for (int i = 0;i < 4;++i) {
    strEnsure += = mapTable[(int) (mapTable.length * Math.random())];
}
//将认证码显示到图像中,如果要生成更多位的验证码,增加 drawString 语句
g.setColor(Color.red);
g.setFont(new Font("Atlantic Inline",Font.PLAIN,18));
String str = strEnsure.substring(0,1);
g.drawString(str,8,17);
str = strEnsure.substring(1,2);
g.drawString(str,20,15);
str = strEnsure.substring(2,3);
g.drawString(str,35,18);
str = strEnsure.substring(3,4);
g.drawString(str,45,15);
// 随机产生 15 个干扰点
Random rand = new Random();
for (int i = 0;i < 10;i++) {
    int x = rand.nextInt(width);
    int y = rand.nextInt(height);
    g.drawOval(x,y,1,1);
}
// 释放图形上下文
g.dispose();
try {
```

```
            // 输出图形到页面
            ImageIO.write(image,"JPEG",os);
        } catch (IOException e) {
            return"";
        }
        return strEnsure;
    }
}
```

➤ 用户业务操作类。新建包 com.goldfish.dao。该类提供进行的登录信息验证、数据增、删、改、查的方法。在下面的代码中，只实现了登录信息验证的方法，其他方法，将在后面的开发中陆续应需要添加进该类。该类的类名为 UserDAO.java。

```
import com.goldfish.db.*;
import com.goldfish.bean.*;
import java.util.*;
import java.sql.*;
public class UserDAO {
    public boolean login(String name,String pwd){
        User u = new User();
        u.setName(name);
        u.setPwd(pwd);
        String sql = "select * from tb_user where name = '"
                + u.getName() + "' and pwd = '" + u.getPwd() + "'";
        JDBConnection con = new JDBConnection();
        try{
            ResultSet rs = con.executeQuery(sql);
            if(rs.next()){
                return true;
            }else{
                return false;
            }
        }catch(Exception e){
            e.printStackTrace();
        }
        return true;
    }
}
```

7.2.4 创建视图 V 部分

➤ 设计登录页面视图，文件命名为 login.jsp。代码如下：

第7章 MVC综合案例——系统管理模块实现

```jsp
<%@ page contentType="text/html;charset=gb2312" language="java" import="java.sql.*" errorPage="" %>
<!DOCTYPE html PUBLIC "-//W3C//DTD XHTML 1.0 Transitional//EN" "http://www.w3.org/TR/xhtml1/DTD/xhtml1-transitional.dtd">
<html xmlns="http://www.w3.org/1999/xhtml">
<head>
<meta http-equiv="Content-Type" content="text/html;charset=gb2312" />
<title>用户登录页</title>
<script type="text/javascript">

function changeimg()
{
  var myimg = document.getElementById("code");
  now = new Date();
  myimg.src = "makeCertPic.jsp?code=" + now.getTime();
}
function checkRegister()
{
  var name = document.getElementById("name");
  if(name.value == "")
  {
     alert("必须输入用户名");
     name.focus();
     return;
  }
  var pwd = document.getElementById("pwd");
  if(pwd.value == "")
  {
     alert("必须输入密码");
     pwd.focus();
     return;
  }
  var certCode = document.getElementById("certCode");
  if(certCode.value == "")
  {
     alert("必须输入验证码");
     certCode.focus();
     return;
  }
```

· 131 ·

```html
        }
    </script>
</head>
<body>
<form id="form1" name="form1" method="post" action="LoginAction">
<table width="313" border="1" align="center" style="width:359px;height:164px;">
    <tr>
        <td colspan="2"><div align="center">登录窗口</div></td>
    </tr>
    <tr>
        <td width="97">用户名：</td>
        <td width="200"><input type="text" name="name" id="name"/></td>
    </tr>
    <tr>
        <td>密码：</td>
        <td><input type="text" name="pwd" id="pwd"/></td>
    </tr>
    <tr>
        <td>验证码：</td>
        <td><input type="text" name="certCode" id="certCode"/>
<img id="code" src="makeCertPic.jsp"/>
<a href="javascript:changeimg()">
</br>看不清,换一张 </a></td>
    </tr>
    <tr>
        <td colspan="2"><div align="center">
<input type="submit" name="button" id="button" value="提交" onclick="checkRegister()"/>
            <input type="reset" name="button2" id="button2" value="重置"/>
        </div></td>
    </tr>
</table>
<div align="center"></div>
</form>
</body>
</html>
```

➤ 验证码视图,名称为 makeCertPic.jsp。

```jsp
<%@ page language="java" contentType="text/html;charset=gb2312" pageEncoding="gb2312" %>
```

第7章 MVC综合案例——系统管理模块实现

```
<jsp:useBean id="image" scope="page" class="com.goldfish.bean.MakeCertPic"/>
<% String str = image.getCertPic(0,0,response.getOutputStream());
session.setAttribute("certCode",str);
out.clear();
out = pageContext.pushBody();
%>
```

另外,读者还要再准备一个名为 index.jsp 的页面文件,用来作为登录成功后转向的主页面。该页面读者可以不用设计,在下一个任务中,我们将详细设计它。

7.2.5 创建控制器 C 部分

该类命名为 LoginAction.java,是一个 Servlet 类,放在包 com.goldfish.servlet 下,需要配置部署描述文件 web.xml,在 7.2.6 小节中介绍。

```
import com.goldfish.dao.UserDAO;
import com.goldfish.db.*;
import com.goldfish.bean.*;
import java.io.IOException;
import java.io.PrintWriter;
import java.sql.*;
import javax.servlet.RequestDispatcher;
import javax.servlet.ServletException;
import javax.servlet.http.HttpServlet;
import javax.servlet.http.HttpServletRequest;
import javax.servlet.http.HttpServletResponse;
public class LoginAction extends HttpServlet {
    public LoginAction() {
        super();
    }
    public void destroy() {
        super.destroy();
    }
    public void doGet(HttpServletRequest request,HttpServletResponse response)
            throws ServletException,IOException {
    }
    public void doPost(HttpServletRequest request,HttpServletResponse response)
            throws ServletException,IOException {
        response.setContentType("text/html;charset=utf-8");
        PrintWriter out = response.getWriter();
        String name = request.getParameter("name");
```

```java
            String pwd = request.getParameter("pwd");
            String yz = request.getParameter("certCode");
            request.setCharacterEncoding("utf-8");
            response.setContentType("text/html;charset = gb2312");
            UserDAO logindao = new UserDAO();
            boolean flag = logindao.login(name,pwd);
            if(yz.equals((String)request.getSession().getAttribute("certCode"))){
                if(flag){
                    request.getSession().setAttribute("name",name);
                    RequestDispatcher rd = request.getRequestDispatcher("index.jsp");
                    rd.forward(request,response);
                }else{
out.print("<script>alert('用户名或密码输入错误');location = 'login.jsp'</script>");
                }
            }else{
    out.print("<script>alert('验证码输入错误');location = 'login.jsp'</script>");
            }
            out.flush();
            out.close();
    }
    public void init() throws ServletException {
    }
}
```

7.2.6 添加过滤器

编写一个编码过滤器类,该类能够解决 JSP 中文编码问题,使页面保持统一编码格式。类名为:SetEncodingFilter.java,在包 com.goldfish.filter 下面。

```java
import java.io.IOException;
import javax.servlet.Filter;
import javax.servlet.FilterChain;
import javax.servlet.FilterConfig;
import javax.servlet.ServletException;
import javax.servlet.ServletRequest;
import javax.servlet.ServletResponse;
public class SetEncodingFilter implements Filter {
    protected String encoding = null;
    protected FilterConfig filterConfig = null;
    protected boolean ignore = true;
```

```java
        public void destroy() {
            this.encoding = null;
            this.filterConfig = null;
        }
        public void doFilter(ServletRequest request,ServletResponse response,
                FilterChain chain) throws IOException,ServletException {
            if (ignore||(request.getCharacterEncoding() == null)) {
                request.setCharacterEncoding(selectEncoding(request));
            }
            chain.doFilter(request,response);
        }
        public void init(FilterConfig filterConfig) throws ServletException {
            this.filterConfig = filterConfig;
            this.encoding = filterConfig.getInitParameter("encoding");
            String value = filterConfig.getInitParameter("ignore");
            if (value == null)
                this.ignore = true;
            else if (value.equalsIgnoreCase("true")||value.equalsIgnoreCase("yes"))
                this.ignore = true;
            else
                this.ignore = false;
        }
        protected String selectEncoding(ServletRequest request) {
            return (this.encoding);
        }
        public FilterConfig getFilterConfig() {
            return filterConfig;
        }
        public void setFilterConfig(FilterConfig filterConfig) {
            this.filterConfig = filterConfig;
        }
    }
```

7.2.7 配置部署描述文件 web.xml

```xml
<?xml version = "1.0" encoding = "gb2312"?>
<web-app version = "2.5" xmlns = "http://java.sun.com/xml/ns/javaee"
    xmlns:xsi = "http://www.w3.org/2001/XMLSchema-instance"
    xsi:schemaLocation = "http://java.sun.com/xml/ns/javaee
```

```xml
http://java.sun.com/xml/ns/javaee/web-app_2_5.xsd">
<filter>
        <filter-name>SetCharsetEncodingFilter</filter-name>
        <filter-class>com.goldfish.filter.SetEncodingFilter</filter-class>
        <init-param>
            <param-name>encoding</param-name>
            <param-value>gb2312</param-value>
        </init-param>
</filter>
<filter-mapping>
        <filter-name>SetCharsetEncodingFilter</filter-name>
        <url-pattern>/*</url-pattern>
</filter-mapping>
<servlet>
        <description>the description of my J2EE component</description>
        <display-name>name of my J2EE component</display-name>
        <servlet-name>LoginAction</servlet-name>
        <servlet-class>com.goldfish.servlet.LoginAction</servlet-class>
</servlet>

<servlet-mapping>
        <servlet-name>LoginAction</servlet-name>
        <url-pattern>/LoginAction</url-pattern>
</servlet-mapping>
<welcome-file-list>
        <welcome-file>login.jsp</welcome-file>
</welcome-file-list>
</web-app>
```

到此为止，一个 MVC 模式的登录信息验证功能就完成了，这里还使用了我们前面讲过的验证码技术。

7.2.8 运行程序

在地址栏中输入 http://localhost:8080/model_2_test，将打开如图 7-2 所示的登录窗口。

图 7-2

➢ 输入一组正确的登录名、密码和验证码会成功登录进入用户管理主页面。

➢ 输入验证码错误时会弹出消息框，如图 7-3 所示。

➢ 输入用户名或密码错误时会弹出消息框，如图 7-4 所示。

图 7-3　　　　　　　　　图 7-4

7.3　实现用户管理主页面显示功能(MVC)

功能描述：登录成功后，进入用户管理页面，在该页面显示所以用户的全部信息，并提供删除、修改该信息的链接。另外，该页面也存在查询功能。

7.3.1　在 M 部分进行编程

修改 UserDAO.java。在该类中添加一个方法，实现查询用户表中全部信息的功能，方法的代码如下：

```
public ResultSet selectAll(){
        String sql = "select * from tb_user";
        JDBConnection con = new JDBConnection();
        ResultSet rs = con.executeQuery(sql);
        return rs;
}
```

7.3.2　在 V 部分进行编程

详细设计上一任务中的 index.jsp 页面，它是用户管理主页面视图。
代码如下：

＜%@ page contentType = "text/html;charset = utf-8"language = "java"import = "java.sql.*"errorPage = ""%＞
＜%@ page import = "com.lyh.dao.*"%＞
＜%@ taglib uri = "http://java.sun.com/jsp/jstl/core"prefix = "c"%＞
＜! DOCTYPE html PUBLIC" - //W3C//DTD XHTML 1.0 Transitional//EN""http://www.w3.org/TR/xhtml1/DTD/xhtml1 - transitional.dtd"＞
＜html xmlns = "http://www.w3.org/1999/xhtml"＞
＜head＞
＜meta http-equiv = "Content-Type"content = "text/html;charset = utf-8"/＞
＜title＞用户信息管理页面＜/title＞
＜/head＞
＜body＞
＜script language = "javascript"＞
function delcfm()

```
{
if(!confirm("确认要删除?"))
{
            window.event.returnValue = false;
        }
}
</script>
<form id = "form1"name = "form1"method = "post"action = "">
<p>
姓名:
   <input type = "text"name = "name"id = "name"/>
年龄:
<input type = "text"name = "age"id = "age"/>
电话:
<input type = "text"name = "phone"id = "phone"/>
<input type = "submit"name = "button"id = "button"value = "查询"/>
</p>
   <table width = "800"border = "1">
      <tr>
         <td width = "94">序号</td>
         <td width = "138">用户名</td>
         <td width = "94">密码</td>
         <td width = "94">性别</td>
         <td width = "94">年龄</td>
         <td width = "94">电话</td>
         <td width = "71">修改</td>
         <td width = "69">删除</td>
      </tr>
      <%
         UserDAO userdao = new UserDAO();
         try{
         ResultSet rs = userdao.selectAll();
         while(rs.next()){
      %>
      <tr>
         <td><% = rs.getString("id") %></td>
         <td><% = rs.getString("name") %></td>
         <td><% = rs.getString("pwd") %></td>
         <td><% = rs.getString("sex") %></td>
```

第7章 MVC综合案例——系统管理模块实现

```
            <td><%=rs.getString("age")%></td>
            <td><%=rs.getString("phone")%></td>
            <td><a href="update.jsp?id=<%=rs.getString("id")%>">修改</a></td>
            <td><a href="deleteAction?id=<%=rs.getString("id")%>" onclick="delcfm()">删除</a>     </td>
        </tr>
        <%
            }
        }catch(Exception e)
        {
            e.printStackTrace();
        }
        %>
    </table>
</form>
</body>
</html>
```

7.3.3 运行程序

在地址栏中输入 http://localhost:8090/model_2_test 将打开登录窗口，输入一组正确的登录信息，将进入用户管理主页面如图 7-5 所示。

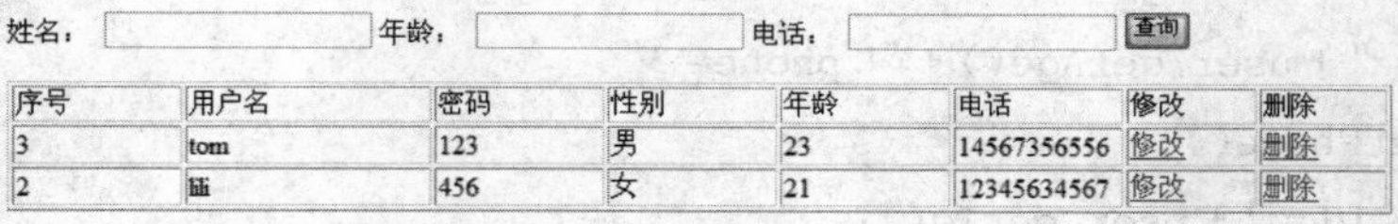

图 7-5

7.4 实现用户管理中的信息修改与删除功能（MVC）

功能描述：点击某一信息后面的修改链接会转向到修改页面，点击删除链接会删除当前这一条信息。

7.4.1 在 M 部分进行编程

修改 UserDAO.java。在该类中添加两个方法：
➢ 实现按用户表中的用户编号查询用户详细信息的功能，方法的代码如下：

```
public User selectById(String id){
    String sql = "select * from tb_user where id = " + id;
```

```java
            JDBConnection con = new JDBConnection();
            User user = null;
            try{
            ResultSet rs = con.executeQuery(sql);
            while(rs.next()){
                user = new User();
                user.setId(rs.getInt("id"));
                user.setName(rs.getString("name"));
                user.setPwd(rs.getString("pwd"));
                user.setSex(rs.getString("sex"));
                user.setAge(rs.getString("age"));
                user.setPhone(rs.getString("phone"));
            }
            }catch(Exception e){
            }
            return user;
}
```

➢ 实现按用户表中的用户编号修改用户除编号以外的其他信息的功能，方法的代码如下：

```java
public boolean updateById(User user){
String sql = "update tb_user set name = '" + user.getName()
 + "',pwd = '" + user.getPwd() + "',sex = '" + user.getSex()
 + "',age = '" + user.getAge() + "',phone = '"
 + user.getPhone()
 + "' where id = " + user.getId();
JDBConnection con = new JDBConnection();
 boolean flag = con.executeUpdate(sql);
return flag;
}
```

➢ 实现按用户表中的用户编号删除用户信息的功能，方法的代码如下：

```java
public boolean deleteById(String id){
        String sql = "delete from tb_user where id = " + id;
        JDBConnection con = new JDBConnection();
        boolean flag = con.executeUpdate(sql);
        return flag;
}
```

7.4.2 在 V 部分进行编程

新建一个用户信息修改页面,页面名称为 update.jsp。因为删除操作不需要新的视图支持,所以这里不为删除建立单独的页面。

代码如下:

```jsp
<%@ page contentType="text/html;charset=gb2312" language="java" import="java.sql.*" errorPage="" %>
<%@ page import="com.goldfish.dao.*" %>
<%@ page import="com.goldfish.bean.*" %>
<%@ taglib uri="http://java.sun.com/jsp/jstl/core" prefix="c" %>
<!DOCTYPE html PUBLIC "-//W3C//DTD XHTML 1.0 Transitional//EN" "http://www.w3.org/TR/xhtml1/DTD/xhtml1-transitional.dtd">
<html xmlns="http://www.w3.org/1999/xhtml">
<head>
<meta http-equiv="Content-Type" content="text/html;charset=gb2312"/>
<title>无标题文档</title>

</head>

<body>
<form id="form1" name="form1" method="post" action="UpdateAction">
    <table width="309" border="1" align="center">
    <jsp:useBean id="user" class="com.goldfish.bean.User" scope="page"></jsp:useBean>
    <%
        String id = request.getParameter("id");
        UserDAO userdao = new UserDAO();
        user = userdao.selectById(id);
    %>
      <tr>
            <td width="102">序号:</td>
            <td width="191"><input type="text" name="id" id="name2" value="<%=user.getId() %>" readonly="readonly"/></td>
      </tr>
      <tr>
            <td>用户名:</td>
            <td><input type="text" name="name" id="name" value="<c:out value="<%=user.getName() %>"/>"/></td>
      </tr>
      <tr>
```

```
            <td>密码:</td>
            <td><input type="text" name="pwd" id="pwd" value="<%=user.getPwd()%>"/></td>
        </tr>
        <tr>
            <td>性别:</td>
            <td><input type="text" name="sex" id="sex" value="<%=user.getSex()%>"/></td>
        </tr>
        <tr>
            <td>年龄:</td>
            <td><input type="text" name="age" id="age" value="<%=user.getAge()%>"/></td>
        </tr>
        <tr>
            <td>电话:</td>
            <td><input type="text" name="phone" id="phone" value="<%=user.getPhone()%>"/></td>
        </tr>
        <tr>
            <td colspan="2"><div align="center">
                <input type="submit" name="button" id="button" value="提交"/>
                <input type="reset" name="button2" id="button2" value="重置"/>
            </div></td>
        </tr>
    </table>
</form>
</body>
</html>
```

7.4.3 在 C 部分进行编程

➢ 新建一个用户信息修改的 Servlet，名称为 UpdateAction.java。
代码如下：

```
import java.io.IOException;
import java.io.PrintWriter;
import com.goldfish.bean.User;
import com.goldfish.dao.*;
import javax.servlet.ServletException;
import javax.servlet.http.HttpServlet;
```

```java
import javax.servlet.http.HttpServletRequest;
import javax.servlet.http.HttpServletResponse;

public class UpdateAction extends HttpServlet {
    public UpdateAction() {
        super();
    }

    public void destroy() {
        super.destroy();

    }
    public void doGet(HttpServletRequest request,HttpServletResponse response)throws ServletException,IOException {
    }
    public void doPost(HttpServletRequest request,HttpServletResponse response)
        throws ServletException,IOException {
            response.setContentType("text/html;charset = utf-8");
            PrintWriter out = response.getWriter();
            request.setCharacterEncoding("utf-8");
            String id = request.getParameter("id");
            String name = request.getParameter("name");
            String pwd = request.getParameter("pwd");
            String sex = request.getParameter("sex");
            String age = request.getParameter("age");
            String phone = request.getParameter("phone");
            UserDAO userdao = new UserDAO();
            User user = new User();
            user.setId(Integer.parseInt(id));
            user.setName(name);
            user.setPwd(pwd);
            user.setSex(sex);
            user.setAge(age);
            user.setPhone(phone);
            boolean flag = userdao.updateById(user);
            if (flag) {
                out.print("<script>alert('修改成功');location = 'index.jsp'</script>");
            } else {
```

```
                out.print("<script>alert('修改失败');location='index.jsp'
</script>");
            }
            out.flush();
            out.close();
        }
        public void init() throws ServletException {
        }
    }
```

➢ 新建一个用户信息删除的 Servlet,名称为 deleteAction.java。
代码如下：

```
import java.io.IOException;
import java.io.PrintWriter;
import com.goldfish.dao.UserDAO;
import javax.servlet.ServletException;
import javax.servlet.http.HttpServlet;
import javax.servlet.http.HttpServletRequest;
import javax.servlet.http.HttpServletResponse;
public class deleteAction extends HttpServlet {
    public deleteAction() {
        super();
    }
    public void destroy() {
        super.destroy();
    }
    public void doGet(HttpServletRequest request,HttpServletResponse response)throws ServletException,IOException {
        response.setContentType("text/html;charset=utf-8");
        PrintWriter out = response.getWriter();
        doPost(request,response);
        out.flush();
        out.close();
    }
    public void doPost(HttpServletRequest request,HttpServletResponse response)throws ServletException,IOException {
        response.setContentType("text/html;charset=utf-8");
        PrintWriter out = response.getWriter();
        request.setCharacterEncoding("utf-8");
        String id = request.getParameter("id");
```

```
            UserDAO userdao = new UserDAO();
            boolean flag = userdao.deleteUserById(id);
            if(flag){
            out.print("<script>alert('删除成功');location='index.jsp'</script>");
            }else{
            out.print("<script>alert('删除失败');location='index.jsp'</script>");
            }
            out.flush();
            out.close();
    }
    public void init() throws ServletException {
    }
}
```

7.4.4 修改 web.xml

在配置文件的相应位置添加如下两段代码,实现控制。

第一段代码如下:

```xml
<servlet>
    <description>the description of my J2EE component</description>
    <display-name>the display name of my J2EE component</display-name>
    <servlet-name>UpdateAction</servlet-name>
    <servlet-class>com.goldfish.servlet.UpdateAction</servlet-class>
</servlet>
<servlet>
    <description> the description of my J2EE component</description>
    <display-name> the display name of my J2EE component</display-name>
    <servlet-name>deleteAction</servlet-name>
    <servlet-class>com.goldfish.servlet.deleteAction</servlet-class>
</servlet>
```

第二段代码如下:

```xml
<servlet-mapping>
    <servlet-name>UpdateAction</servlet-name>
    <url-pattern>/UpdateAction</url-pattern>
</servlet-mapping>
<servlet-mapping>
    <servlet-name>deleteAction</servlet-name>
    <url-pattern>/deleteAction</url-pattern>
</servlet-mapping>
```

7.4.5 运行程序

➢ 登录成功后在用户信息页面单击"修改"按钮,将转向修改页面,如图 7-6 所示。

可以操作的文本框都可以修改。修改完信息后,单击"提交"按钮,弹出如图 7-7 所示的消息框。

图 7-6

图 7-7

单击"确定"按钮后,会返回用户管理主界面。

➢ 登录成功后在用户信息页面单击"删除"按钮,将弹出确认对话框,如图 7-8 所示。

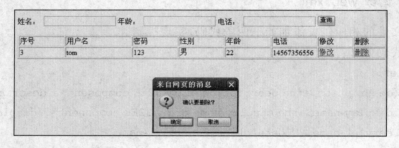

图 7-8

单击"取消"按钮,将回到用户管理主页面。单击"确定"按钮,将提示删除成功。再次确定后,返回用户管理主页面。

至此,一个实战 MVC 的例子就演示完毕。该例子在介绍 MVC 如何使用的同时,也介绍了如何规范地组织类,如何实现数据库信息的删、改、查功能操作,读者可以进一步地将这个程序进行改进,比如把用户注册功能加进去等。

7.5 本章小结

本章讲了 MVC 开发模式[模型(Model)—视图(View)—控制器 Control],并提供了"系统管理模块"的完整开发过程,让读者在实践中了解 MVC 开发模式的设计思想。